# 听虫子说

## 我的虫子观察笔记

沈子昂/著绘 常凌小/审订

中国轻工业出版社

虫子，是人们对很多小型动物的泛称，尤其是节肢动物和软体动物，节肢动物门又包括昆虫纲、蛛形纲等多个纲。

昆虫是节肢动物中种类最多、数量最大的类群，也是目前地球上所有生物种类中占比最多的动物类群，几乎遍布世界的每个角落。

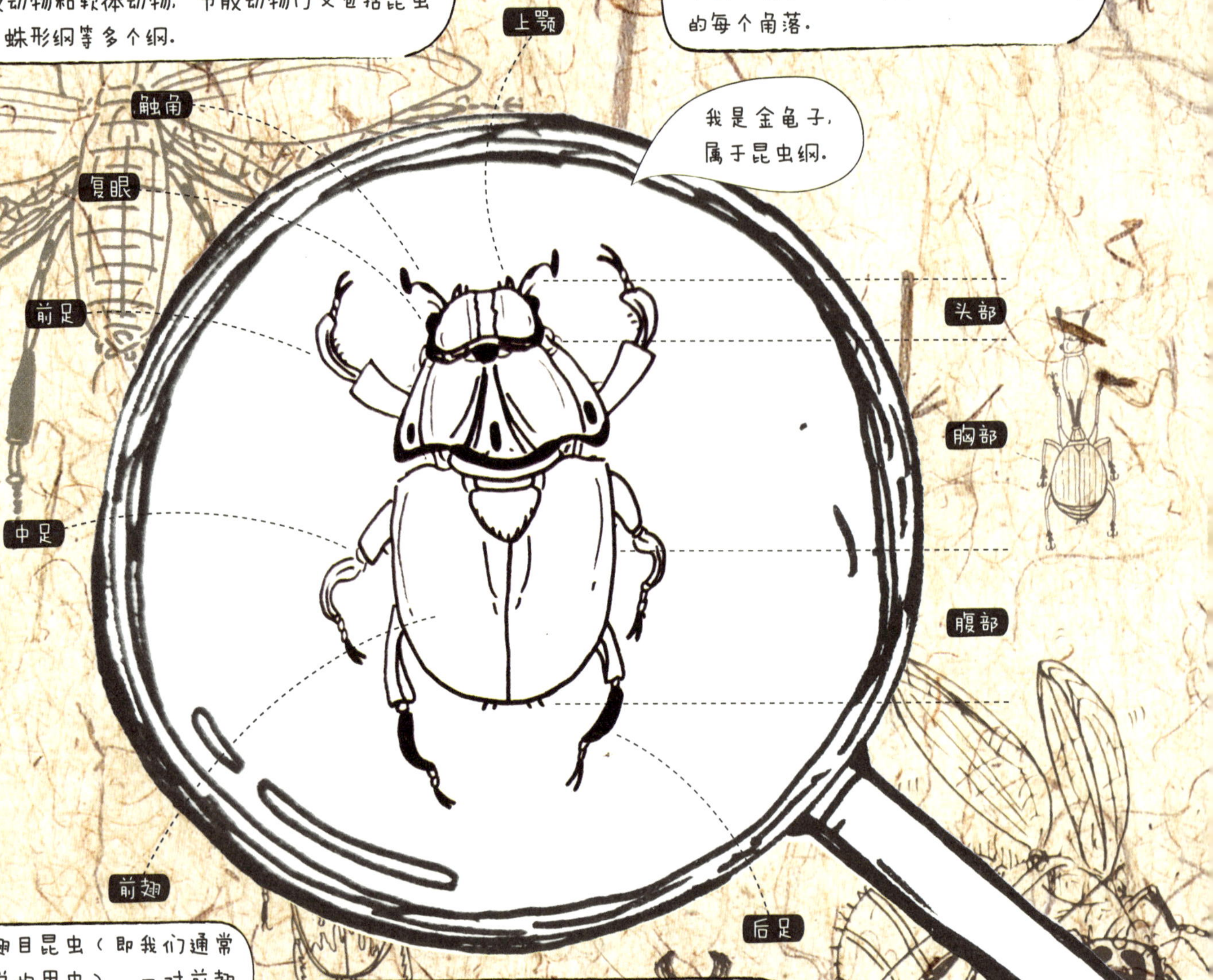


鞘翅目昆虫（即我们通常所说的甲虫），一对前翅下面覆盖着一对后翅。

身体由头、胸、腹三个部分组成，有一对触角、三对足，通常有两对翅，符合这样特征的虫子就是昆虫。不同种类的昆虫在体形、样貌上有一些区别。

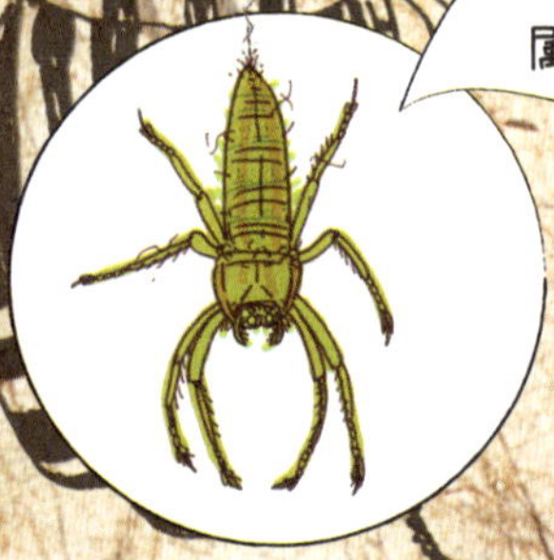


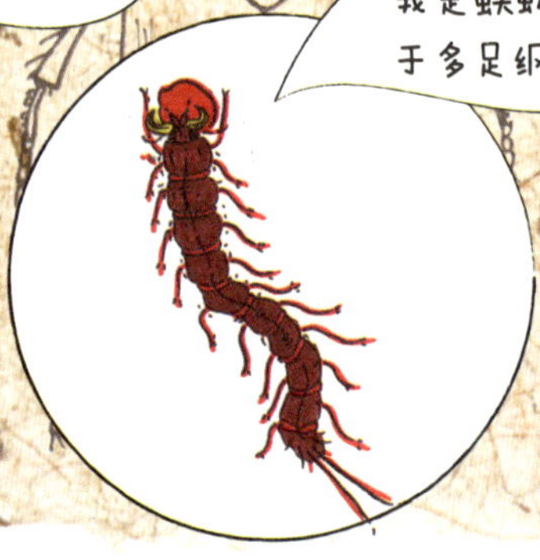

# 写给喜欢虫子的朋友们

当听到或读到“虫子”这两个字时，你可能会感到害怕或恶心。的确，有些虫子，像苍蝇和蟑螂，看上去确实不招人喜欢。但是，并不是所有的虫子都长得那么“丑”，自然界还有很多漂亮虫子，比如翩翩起舞的蝴蝶和金光闪闪的金龟子，当你看到它们时，你可能就能感受到大自然的奇妙。

在我五六岁时，记得有一次，我发现了一只腹部有人面轮廓的蜘蛛，从那一刻起，我对虫子的好奇之心就被点燃了。之后，我经常去大自然中、博物馆里寻找各种各样的虫子，观察并记录这些小精灵的外貌特点和生活习性，然后再把它们画下来。直到有一天，妈妈建议我把这些笔记和画稿整理一下，于是就有了这本书。我希望通过这本书让更多的人了解这些虫子，喜欢上这些神奇的小生命。

现在，许多虫子都面临着灭绝的风险，比如中国国家一级保护动物金斑喙凤蝶、国家二级保护动物阳彩臂金龟、部分萤火虫等。就算你不喜欢虫子也请不要伤害它们，因为如果没有了这些虫子，食物链就会被破坏；没有虫子，很多花草树木就无法繁衍后代。所以我希望你能喜欢上这本书，喜欢上虫子与大自然，并珍惜每一个小生命。

**作者说**

在这本书中，我不仅记录了金龟子、蝴蝶这样的昆虫，还记录了很多如蜘蛛、鼠妇和蜈蚣这样的非昆虫节肢动物，甚至还有软体动物——蜗牛和蛞蝓。快去看看它们有什么不同吧！

沈子昂

2025 年 6 月

# 目录

## 春 007

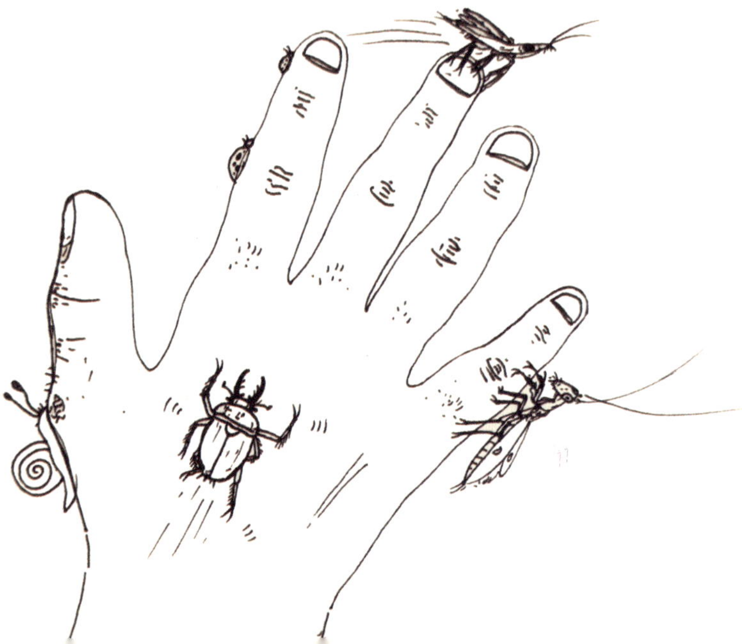

## 夏 039

## 秋 085



## 冬 119

**作者说**

虫子的活动会随着四季变化，是不断适应环境的一种本能行为，这样可以保证它们在自然环境中持续生存和繁衍。

# 春

春天来了，万物复苏，或许你见到的第一只虫子就是马铃薯苗上的瓢虫。

# “七星好虫”七星瓢虫

时间：3月11日　　天气：晴　　地点：阳台

我的马铃薯已经发芽了，我正想着把它种在土里时，一只瓢虫爬了出来。在它那红艳艳的甲壳上，有一些明显的小黑点儿，我仔细数了数，一共七个点，原来是一只七星瓢虫。瓢虫家族可是个大家族，全世界瓢虫超过5000种。以蚜虫和介壳虫为食的肉食性瓢虫和以菌类为食的菌食性瓢虫都是益虫，而以植物嫩叶、果实或汁液为食的植食性瓢虫则是害虫。

看着它小巧玲珑的身体，我忍不住摸了摸它光滑的背，霎时，它展开鞘翅一溜烟儿地飞走了。

**档案信息**

**中文名** 七星瓢虫

**拉丁名**

*Coccinella septempunctata*

**门** 节肢动物门

**纲** 昆虫纲

**目** 鞘翅目

**科** 瓢虫科

**属** 瓢虫属

**分布区域**

亚洲、欧洲和非洲广泛分布

**虫子说**

我们瓢虫可是技艺精湛的飞行家。我的翅外层是有斑点的鞘翅，内层是飞行用的膜翅，我们就像小型直升机，能轻松地越过花园，穿过树林……

**七星瓢虫的成虫和幼虫都以蚜虫为食，妥妥的七星益虫**

七星瓢虫的卵

七星瓢虫的卵大概有1毫米长，呈乳黄色或棕黄色，一个卵堆大约有50枚卵，整齐地排列在植物的枝干或叶片上。

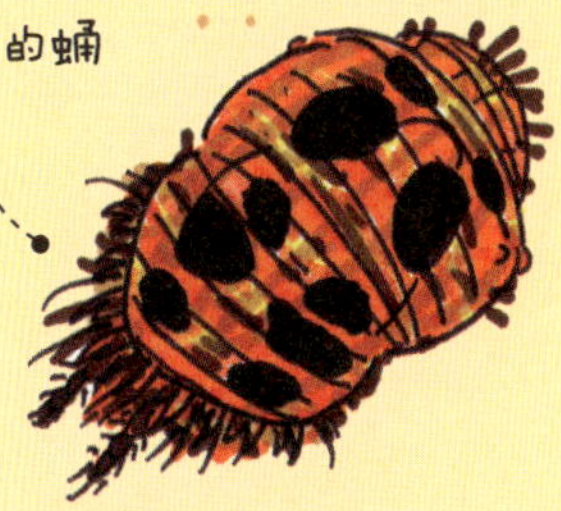

七星瓢虫的蛹

七星瓢虫从化蛹到羽化需要六七天，其间，蛹里发生着翻天覆地的变化。刚刚羽化的瓢虫全身是黄色的，也没有任何的星斑，随着外骨骼硬化和色素合成才展现出红底黑斑的“本色”。

正在吃蚜虫的七星瓢虫四龄幼虫

孵化后的幼虫对鲜美多汁的蚜虫情有独钟，甚至直到化蛹之时也不曾改变口味。一只幼虫在整个发育期能吃掉几百只蚜虫。

七星瓢虫一龄幼虫

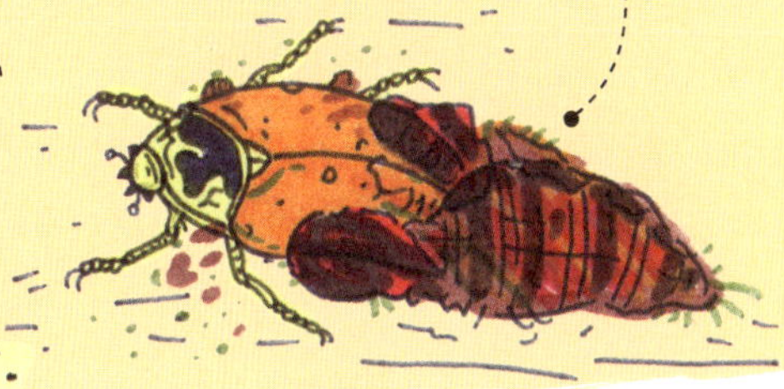

刚羽化的七星瓢虫

七星瓢虫是瓢虫家族中的典型代表，它身长大约8毫米，呈半球状，头部、胸甲、触角和腿都很短小，背甲鲜红色并均匀分布七个黑色斑点，看起来就像一个又矮又胖的小丑。

四星异色瓢虫

二星异色瓢虫

别看七星瓢虫很可爱，其实它们是凶猛的肉食主义者。它最喜欢吃的就是蚜虫，如果你养的植物生了蚜虫，最好的办法就是抓来几只七星瓢虫，一定会“药到病除”。

不过要先搞清楚，并不是所有的瓢虫都吃蚜虫，有一些“星”很多的瓢虫，比如二十八星瓢虫就是“素食主义者”。

我还发现一些瓢虫的背甲是黑色的，星斑却是红色的，它们是异色瓢虫，比如二星瓢虫和四星瓢虫，它们和七星瓢虫一样爱吃蚜虫。

这个柯氏素菌瓢虫既不吃蚜虫也不吃植物叶子，它喜欢吃一种叫作白粉菌的菌类。

马铃薯瓢虫和茄二十八星瓢虫专吃马铃薯和茄子的叶子。这是一只茄二十八星瓢虫。

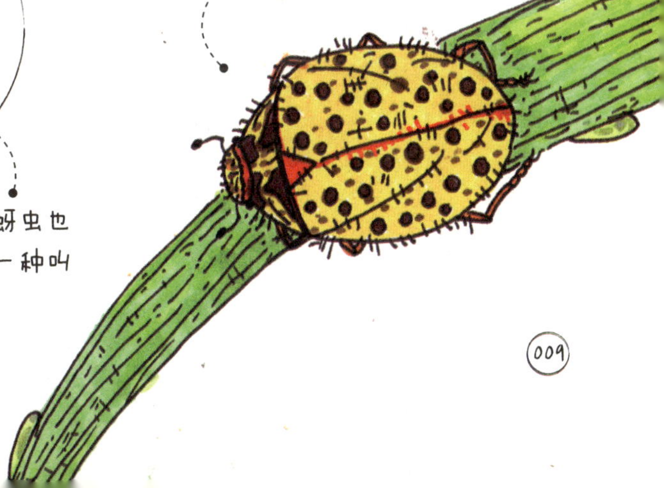

# 犀金龟中的明星——细尤犀金龟

时间：3月12日　　　　天气：晴　　　　地点：家中

今天是我的生日，同学和朋友们都送了我生日礼物，我最喜欢的是妈妈送我的礼物，一只细尤犀金龟的金属玩具。这只假昆虫让我对细尤犀金龟产生了浓厚的兴趣，于是我在网上开始了搜索……

细尤犀金龟的颜色很特别，头部、胸部和腿部是深棕色的，背部是黄棕色的，并有金属光泽，最令人震撼的是它的个头。你知道吗？细尤犀金龟可是中国该属中个头最大的一种甲虫，最大的可以达到90多毫米呢。

**档案信息**

**中文名** 细尤犀金龟
**拉丁名**
*Eupatorus gracilicornis gracilicornis*

**门** 节肢动物门
**纲** 昆虫纲
**目** 鞘翅目
**科** 金龟科
**属** 尤犀金龟属

**分布区域**
南亚、中国南部有分布

**虫子说**

我们细尤犀金龟作为犀金龟属中的明星，所有种类在中国都有分布，但是数量稀少，所以我们很珍贵哦。

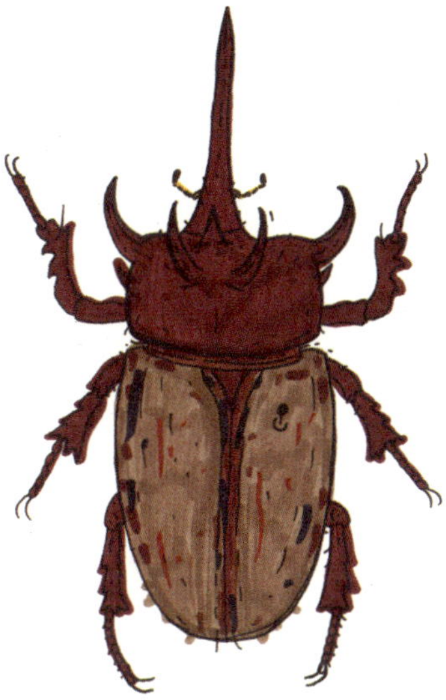

细尤犀金龟雄虫

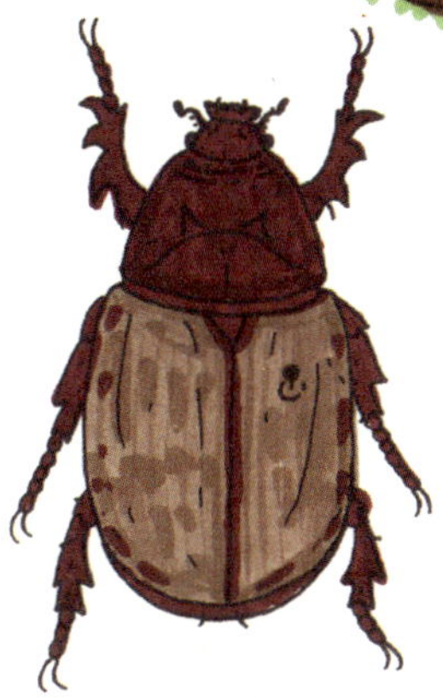

细尤犀金龟雌虫

细尤犀金龟体形呈长卵圆形，胸部和背部相较于其他甲虫高高隆起，更接近球体。头部、胸部及六条腿是棕黑色的，背甲除中缝是棕黑色外其他位置都是淡棕黄色的，色彩对比非常强烈。

细尤犀金龟的雄虫体长普遍在70毫米以上，最大能达到95毫米，雌虫体长略小于雄虫。雄虫头部中央和胸甲两侧共长有五个角突，这是其最突出的特征，因此也叫五角大兜虫。雌虫没有像雄虫一样的五角特征。

细尤犀金龟是尤犀金龟属昆虫中个头最大的，其分布较广，成为该属代表性昆虫。

细尤犀金龟是中国境内体形第二大的甲虫，第一大的甲虫是阳彩臂金龟。

细尤犀金龟整个身体虽然没有金属光泽，却像涂了一层油亮的蜡似的，雌虫体表没有雄虫光滑，胸甲和腹甲上布满了密集的刻点，不过也是油亮的。

细尤犀金龟一生都是“素食主义者”，幼虫生活在腐殖土中，以腐木为食，成虫以植物的汁液为食。

细尤犀金龟分布在中国的广西、云南、四川等地，这些地方温暖潮湿，竹林遍布，而它们最喜欢吸食竹子的汁液，真是“靠山吃山，靠水吃水”。

为了争夺领地、食物和心仪的雌性，暴脾气的细尤犀金龟雄虫一见面就会大打出手。一旦战斗开始，就是一场力量和技巧的角逐，两位“勇士”绝不轻易放弃，直到将对方掀翻下树或打得六脚朝天才肯罢休。

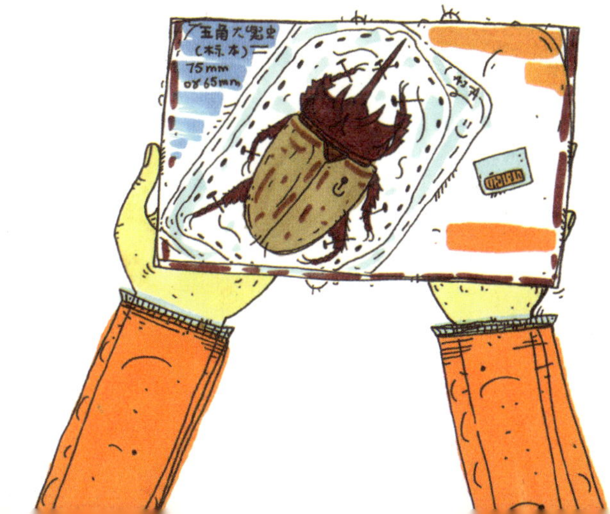

# 既是家也是建筑杰作——蜂巢

时间：3月13日　　天气：晴　　地点：家里窗边

自然界的建筑大师有很多，比如蚂蚁和白蚁，有很多蜂类也是“建筑界”的佼佼者，它们建的巢各不相同、各具特色。

蜜蜂的巢应该是蜂巢中的典范，不但体积庞大、内部结构复杂，而且巢室功能齐全，可以说，一个蜂巢就是一个蜜蜂王国。

胡蜂会啃下树皮等植物纤维，咀嚼后和口水混合，形成“泥状”，然后一层一层地涂抹，修出第一层巢柄，然后在巢柄上再建出一间间单独的巢室。胡蜂会建造两三百间巢室，最后在巢的底部留下用于出入的小口，大功告成。

前几天我在推拉窗的窗缝中发现了一排泥疙瘩，静静地观察了几次，才发现了这个“泥房子”的主人——泥蜂，它们的蜂巢比较简陋，但却非常实用。

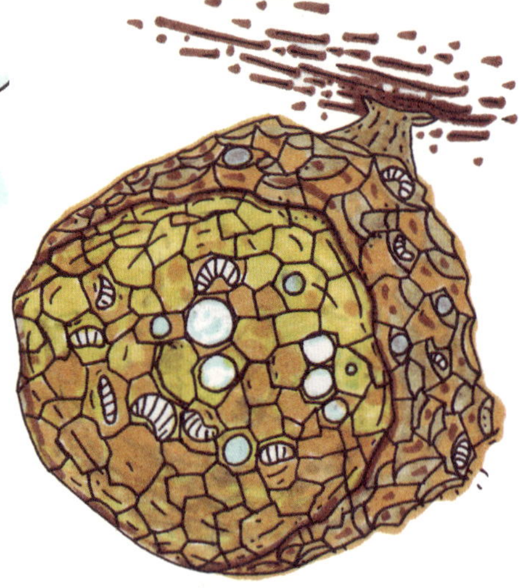

蜜蜂的巢完全是由工蜂分泌出来的蜂蜡建造而成的。整个蜜蜂的蜂巢是由上千个六边形柱体紧密连接而成的庞大的公寓系统。

蜜蜂的巢室功能众多且划分明确，除了有蜂王所在的王宫，还有孵化室、育婴室、储藏室、休息室等，各个区域之间由错综复杂的通道连接。

**虫子说**

我们蜂类作为自然界的建筑大师，很多技能为人类在建筑、科技、艺术等领域的发展进步提供了很多灵感。

胡蜂的巢近似一个球体，悬挂在灌木丛中、树枝上、杂草间，甚至还会出现在栅栏边或屋檐下，从外表看就像一个大泥疙瘩，而内部却是构造非常精密的、紧密相连的六边形柱状巢室。

胡蜂的巢就是一个“纸”造的宫殿。胡蜂将植物咀嚼后和唾液混合形成纸浆，然后用这种特殊的材料搭建巢室的墙壁。

胡蜂是社会性昆虫，它们凭借群体优势将蜂巢建造成一栋豪华公寓楼，其中最大的一间是会诞生未来胡蜂女王的育婴室。

泥蜂和蜜蜂、胡蜂这些社会性昆虫不同，它们是独行侠，喜欢独来独往，凭一己之力衔泥建造自己的“土坯房”。

泥蜂会选择隐蔽的、表面较平整的地方筑巢，它们口衔黄泥一点一点地将巢堆砌成口袋状。

马蜂的巢也是一个“纸”宫殿，但是相对胡蜂的巢来说显得简单粗暴，巢室裸露在外，没有封闭性的保护层。

马蜂的巢就像一个倒着放的莲蓬，巢室的数量较少，而且巢壁较薄，呈灰白色，甚至呈半透明状。

泥蜂会在筑好的巢中储存足够的食物，然后将一枚卵产在食物上，最后将巢口用泥堵上。卵孵化后就会有足够的食物，直到它羽化成虫破巢而出。

有些种类的泥蜂的巢只有一间巢室，而另一些种类的泥蜂在一个大巢中分出若干间小巢室。

蜜蜂、胡蜂和马蜂的巢室的横切面都是六边形，这是为了在保证最大使用空间的前提下最大限度节省建筑材料。

# 一枚特别的蝴蝶蛹

时间：3月15日　　天气：晴　　地点：上学的路上

今天我在上学的路上发现了一个蝴蝶蛹，这个蛹特别有意思，这样和你们说吧，它不但样子很特别，而且只要被轻轻地一碰，还会扭屁股，实在是太可爱了。这个蝴蝶蛹是棕黑色的，背部还有很多小刺，最引人注目的是，它身上有很多金色的小斑点，在灿烂的阳光下闪着光。我以前看到过很多蝴蝶蛹，可是从来没见过这样子的。自从上只蝴蝶蛹羽化失败之后，我心心念念地想去再采集一枚。而今天这枚，我是真的喜欢，于是决定把它拿回家。不过这枚蛹很不听话，它把自己粘得太紧了。我好不容易才把它给抠下来，也算是功夫不负有心人。

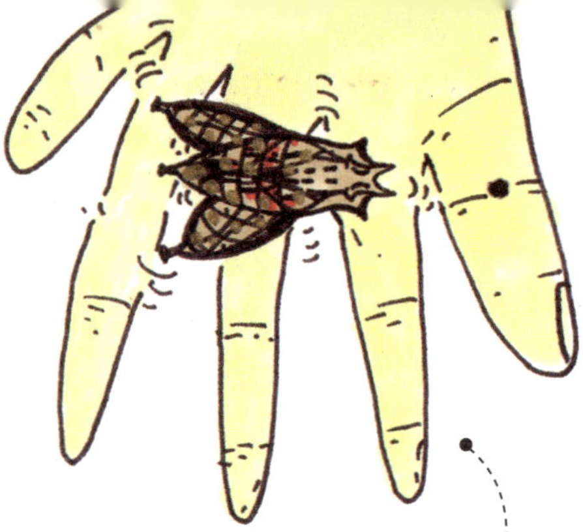

只要碰一下这枚蝴蝶蛹，它就会扭动几下屁股，这也说明它很健康。

**档案信息**

**中文名** 蝴蝶
**拉丁名** Rhopalocera

**门** 节肢动物门
**纲** 昆虫纲
**目** 鳞翅目
**科** 凤蝶科、蛱蝶科、粉蝶科、灰蝶科等

**分布区域**
全球除南极洲外广泛分布

**虫子说**

大部分的昆虫是完全变态发育，我们蝴蝶最为典型，化蛹环节是我们变态发育过程中非常关键的一步。

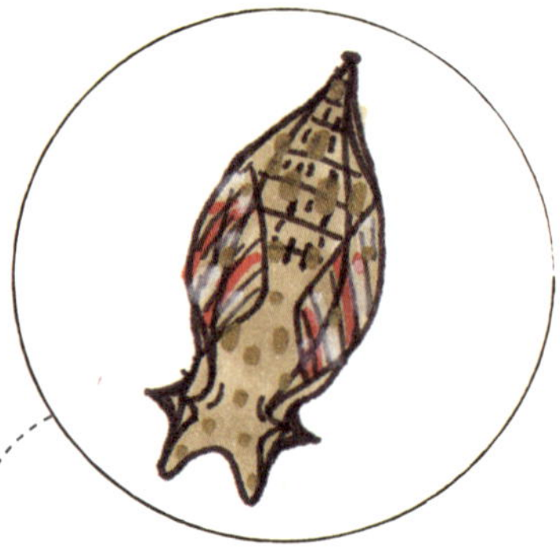

这枚蝴蝶蛹的长度大约有15毫米，算是个头较大的蛹了，两侧有明显的红色斑纹，表面有明显的金色圆点，在灰褐色底色的衬托下显得更加耀眼夺目。

我每天都步行去上学，在上学的路上总是会发现很多有趣的虫子和其他小动物，今天我就发现了一枚特别的蝴蝶蛹。

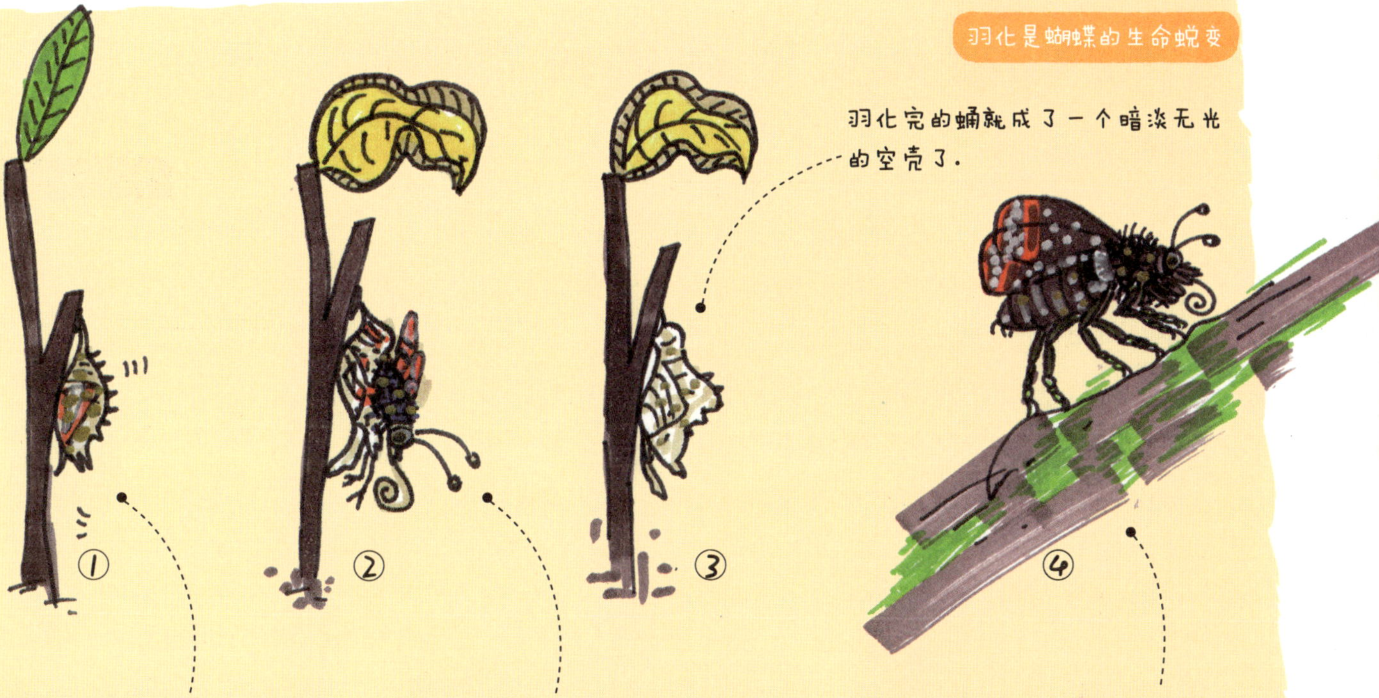


蝴蝶幼虫开始化蛹时，会选择树干隐蔽处、叶子背面等安全的地方将自己倒挂起来，不停地扭动身体，褪掉毛茸茸的外衣，等到新“外衣”变硬，化蛹就完成了。

蝴蝶蛹的颜色随着时间会由鲜艳逐渐变暗淡，说明蛹已经成熟，之后蛹的背部慢慢裂开缝隙，预示着马上就可以破茧成蝶了。

刚从蛹里羽化出来的蝴蝶，翅还没有完全展开，还需要一点时间才能飞向蓝天。

几乎所有的蝴蝶蛹都是倒挂着的，头朝下破茧时，充分利用了重力，使蝴蝶翅能顺利展开，有效地保证蜕变成功。

从蝴蝶蛹到开始羽化的时间和环境的温度与湿度密切相关，气温越高，开始羽化的时间越短，一般需要两三周时间。合适的湿度能够让蝴蝶破蛹更顺利。

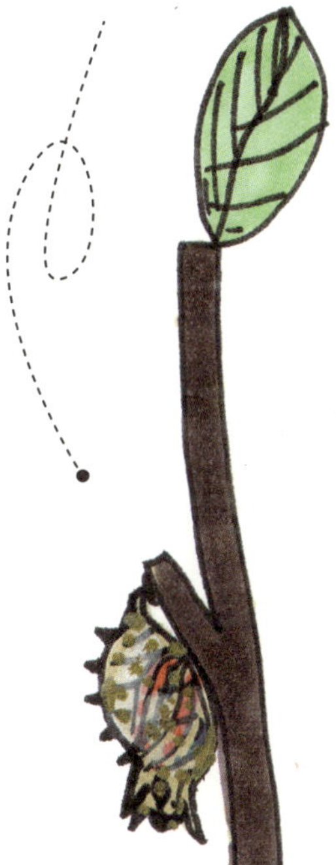

蛹期是蝴蝶一生中最脆弱的时期，这一时期，它们没有任何主动防御敌害的能力，仅靠伪装来保证安全。

由于自身的脆弱，以及生存环境恶化等原因，很多蝴蝶会在蛹期死亡，最后能化蛹成蝶的并不多。

为了伪装得更好，许多蝴蝶蛹就玩起了变身的戏法，它们有的看起来像“蛇头”，有的像枯枝或嫩叶，有的装扮上鲜艳的警告色，以此来吓退或迷惑捕食者。

这只成功羽化的蝴蝶正在展开美丽的翅，它是多么的幸运。

# 印尼姬兜和中国翘角姬兜

时间：3月18日　　天气：晴　　地点：家中

前一段时间，我一直在网上查阅关于印尼姬兜的资料，真是越了解越喜欢，我决定用自己的零花钱买一个印尼姬兜的标本。

过了大概一周的时间，我收到了快递包裹。我非常激动地打开了包裹，是一个小透明塑料盒子，里面用蓬松棉包裹着我期待已久的宝贝。我小心翼翼地把这个宝贝拿出来，哇！它的个头比我想象的要大很多。我把这个帅气的印尼姬兜标本放在手心上，它几乎和我的手掌一样大。我上下左右各个角度观察了一番，拿出了之前收集的中国翘角姬兜的标本和这个印尼姬兜对比了一下，不比不知道，一比真奇妙，印尼姬兜简直就是一个巨无霸。

我爱不释手地观察着我的这些宝贝。昆虫的生命短暂，它们死后被制作成标本，不仅可供科学研究，还是一件有收藏价值的艺术品，我想这也算是它们生命的一种延续吧。

**档案信息**

**中文名** 印尼姬兜

**拉丁名**

*Xylotrupes gideon gideon*

**门** 节肢动物门

**纲** 昆虫纲

**目** 鞘翅目

**科** 犀金龟科

**属** 姬兜属

**分布区域**

印度尼西亚各大岛屿如巴厘岛、爪哇岛等均有分布

**虫子说**

千万别把我们印尼姬兜和“独角仙”双叉犀金龟混淆了，虽然我们都属于犀金龟科，但是我们还是有很大不同。

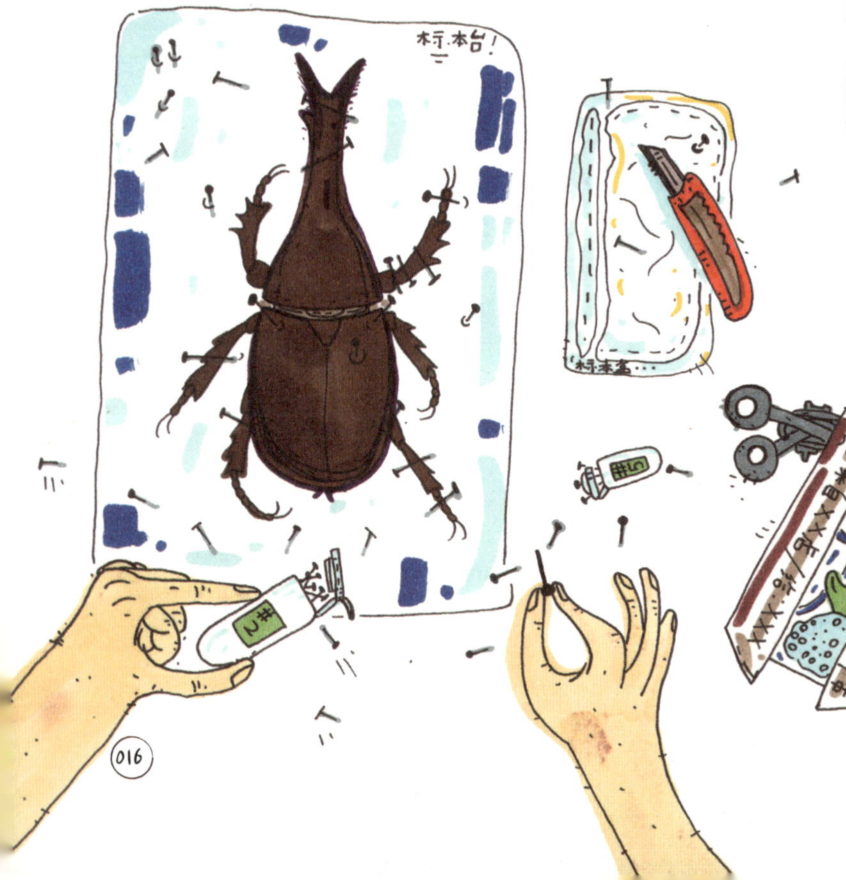

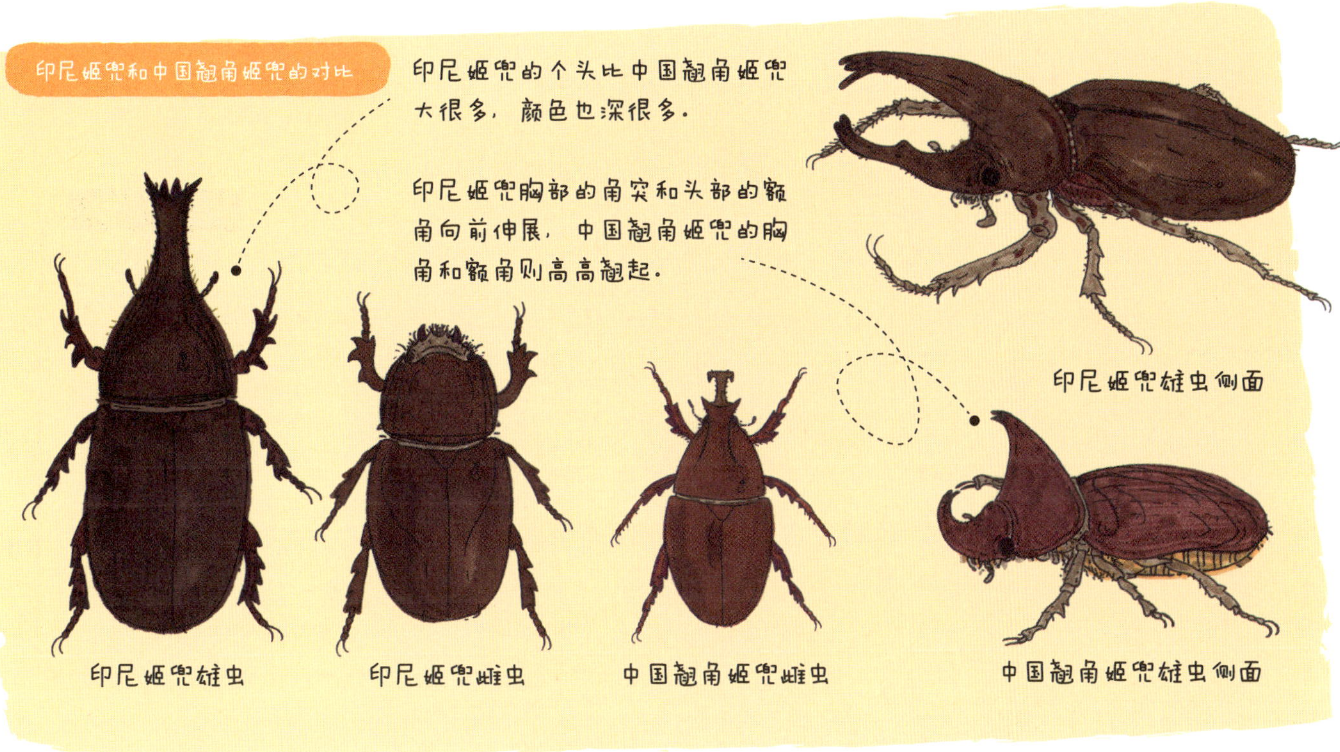


印尼姬兜主要分布在东南亚地区，例如印度尼西亚的爪哇岛、巴厘岛和苏拉威西岛，这里茂密的原始森林和温暖潮湿的环境是印尼姬兜最理想的家园。

舒适温暖的生活环境造就了印尼姬兜硕大强健的身躯，其胸部、腹部及足部肌肉发达、甲壳坚硬，就像一位雄壮威武的战士。

印尼姬兜有雄健的体魄和坚实的盔甲，那长而坚硬的胸角和额角就是它战斗的武器。

印尼姬兜雄虫最大体长可达到80毫米，头部宽大，头角发达，胸角高高突起，呈长矛状的胸角向前伸展，几乎和腹部等长。体色多为深棕色至黑色，体表光泽度很高，油亮油亮的，胸甲和背甲上密布细小的刻点。

完美的体形、超高的颜值，印尼姬兜无可厚非地成为了姬兜属昆虫中的佼佼者。

印尼姬兜雄虫力气巨大，能轻松举起比自己身体还要重的物体。它生性好斗，领地意识很强。只要有闯入者进入它的视野，不把对方掀翻在地决不罢休。雄虫们也要通过战斗来博得雌虫的欢心。

印尼姬兜是典型的夜行性昆虫，它们在夜晚出来活动，白天隐藏在树皮下或树洞中。白天很难发现它们的踪迹。

印尼姬兜繁殖力较强，雌虫一次能产下数十枚卵，温度适宜的条件下大约两周就能孵化出幼虫。

幼虫在六至八个月的时间内不停地进食，每次蜕皮都会长大很多。经过六七次蜕皮后，印尼姬兜的幼虫就会在地下的腐土中化蛹。

幼虫吃得越多，个头越大，体形越胖，化蛹后的个头就越大，这样羽化出来的成虫个头硕大、体形强健。雄虫的胸角和额角也更长、更粗壮。

然而印尼姬兜成虫的寿命并不长，只有二至四个月。

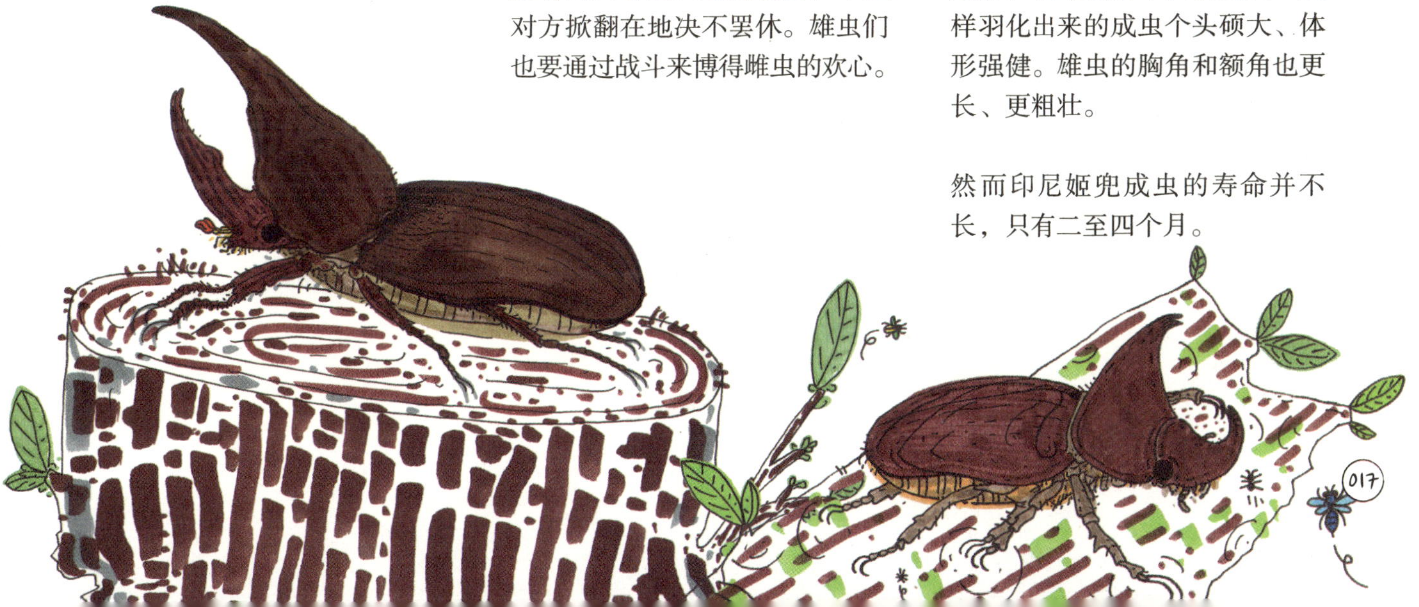

# 春天的使者——大红蛱蝶

时间：4月9日　　天气：晴　　地点：家中

今天我家有件大喜事儿，你们绝对想不到是什么。上次那枚特别的蛹要羽化了。我是怎么知道的呢？是因为蛹变暗，变透明了，而且翅那里变成了红色，还有黑色和白色的斑。不过，我从早上等到了下午，就是不见它羽化。我开始有点儿失望了，就在床上躺了一会儿。等我再起来看它的时候，它竟然已经变成了一具空壳，这说明它已经羽化了。我太开心了，激动的心，颤抖的手，我开始寻找羽化的蝴蝶，最后在院子的大门上找到了它。这是一只大红蛱蝶，大体发黑蓝色，有好多的红斑、黑斑和白斑。这只大红蛱蝶的个头还不算太大，但是颜色实在是太好看了，真没想到它会羽化得这么快呢。

**档案信息**

中文名 大红蛱蝶
拉丁名 *Vanessa indica*

**门** 节肢动物门
**纲** 昆虫纲
**目** 鳞翅目
**科** 蛱蝶科
**属** 红蛱蝶属

**分布区域**
亚洲、欧洲、非洲西北部广泛分布

**虫子说**

我们大红蛱蝶有一个亲戚叫作小红蛱蝶，样貌和我们大红蛱蝶差不多，而且经常与我们结伴飞舞嬉戏，不仔细观察很容易将我们混淆。

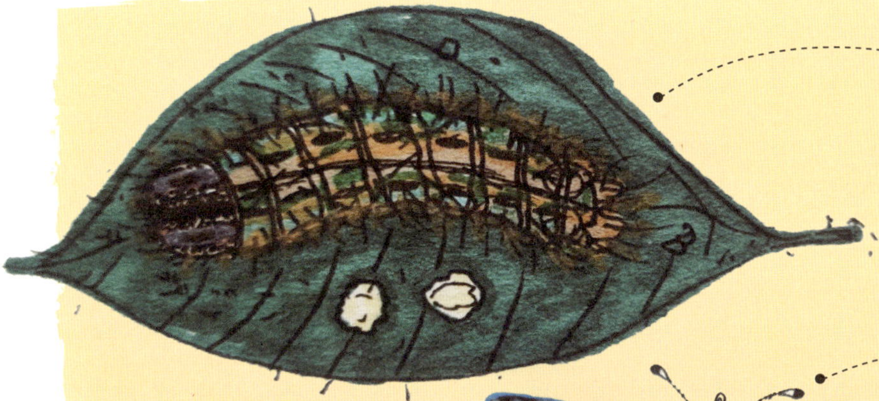

大红蛱蝶的幼虫可不像菜粉蝶的幼虫菜青虫那样全身光秃秃的，它是真的“毛毛虫”，全身布满了长毛。虽然它那极度危险的样貌有虚张声势的嫌疑，但是，光是它那难以下咽的样子就吓退了不少捕食者。

刚孵化的大红蛱蝶幼虫会吐丝把叶片卷曲起来，自己藏在这个“保护伞”中。但这会对植物造成致命的伤害。

如果你仔细观察，大红蛱蝶除了浓重艳丽的外表，最吸引人的可能就是它的那对黑白相间的棉棒状的触角了。

大红蛱蝶体形粗壮，翅展能达到60毫米，属于中型蛱蝶，翅以黑色为底色，前翅顶角有白斑，前翅中间和后翅末端有带状的红色条纹，色彩艳丽，样貌出众。

大红蛱蝶喜欢吸食花蜜和树汁，但也经常吸食动物的粪便，以补充它所需要的营养物质。这真和它美丽的外表不相匹配。

大红蛱蝶是春天最早可以看到的蝴蝶之一，因为它的羽化对温度要求不高，气温太高反而会抑制它的羽化。

大红蛱蝶的口器是典型的虹吸式口器，又细又长，能插入花冠深处像吸管一样吸食花蜜。不吃东西时，它就将这根“吸管”卷起来悬挂在头部下方。

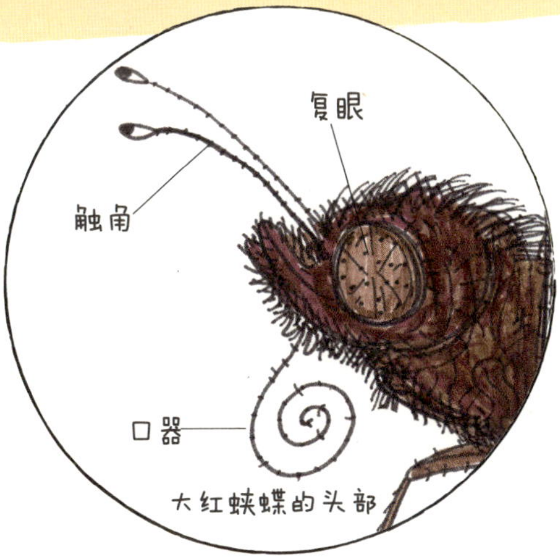


大红蛱蝶的头部

大红蛱蝶喜欢在荨麻、苎麻类植物的叶片上产卵，可能是因为这些植物茎叶有刺可以扎人，能给幼虫提供天然的保护屏障。

大红蛱蝶雌雄虫不易分辨，但通常雄蝶色彩更为鲜艳。

大红蛱蝶休息时通常会把翅合起来。

这是一只正在吸食花蜜的大红蛱蝶雄虫。

# 危险的“百足怪”——蜈蚣

时间：4月12日　　天气：晴　　地点：山中

终于到了期待已久的学校春游的日子，我可高兴坏了，因为我们这次春游要去郊区的一座山上，有机会偶遇很多虫子。我打包好各种抓虫工具，兴冲冲地赶到了学校。

心情急切的我总觉得笨重的大巴车像只慢吞吞的乌龟一样在路上爬行，好不容易才抵达目的地。简单地吃了一些点心后，我们就在周围自由活动了。突然有几个同学叫我跟他们去一个地方，说见到了某种奇怪的虫子。到了那里后，只见一只身体黝黑、腿部赤红的蜈蚣正趴在草丛的枯叶堆里。我顿时被吓了一跳，赶紧拿出手机拍了几张照片。同学们也都不敢轻举妄动，我们都知道如果稍有不慎被它咬到，后果严重。这只蜈蚣可能见我们人多势众，自己势单力薄，扭头就快速地逃走了。

回家后，我把这件事告诉了爸爸妈妈，他们心有余悸，幸好我没有挑衅那只蜈蚣。

**档案信息**

中文名 蜈蚣
拉丁名 Scolopendridae

门 节肢动物门
纲 唇足纲
目 蜈蚣目
科 蜈蚣科

分布区域
除南极洲外广泛分布

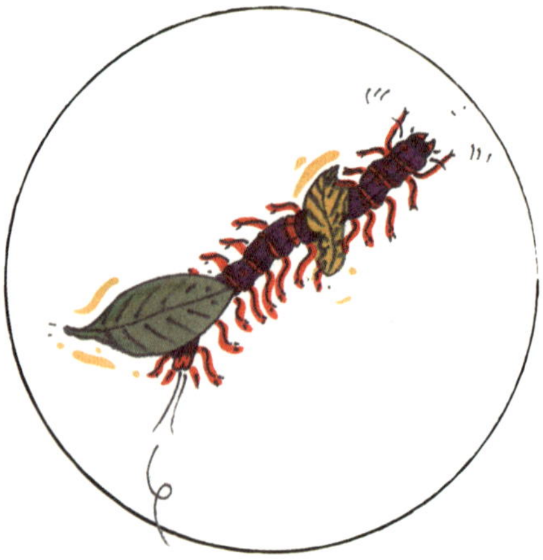

**虫子说**

我们蜈蚣不属于昆虫，不仅腿多还具有一定的毒性。我们有一个雅称叫作百足。

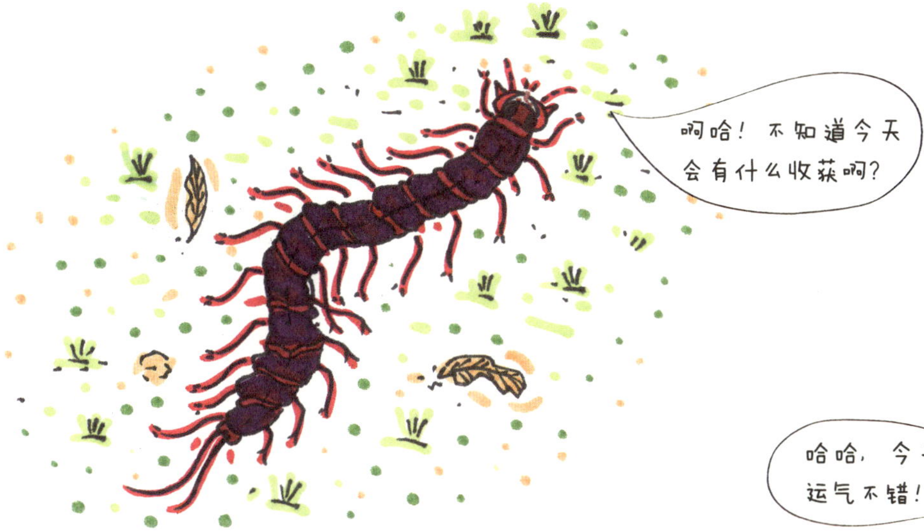

蜈蚣身体分为头部和躯干两部分，整个身体细长而扁平，体长12—20厘米，体色以暗红色和棕黑色居多。头部顶端有一对复眼和一对触角，头部腹面有口器，其中有一对大颚（上颚）和两对小颚（下颚）。头部是蜈蚣感觉和摄食的枢纽。

蜈蚣的躯干部分有很多个体节，相邻体节一长一短互相间隔，每一个体节在左右两侧生有一对足。

第一体节上的足称为颚足，比其他足要发达锋利得多，而且末端有毒腺，中部体节上的足称为爬行足，是真正用来行走的，而最后的体节是蜈蚣的生殖器官所在的位置，其上面的足称为生殖肢，比其他的足要长一些。

蜈蚣喜欢阴暗潮湿的生活环境，惧怕阳光和积水，喜欢群居在一起，并能和睦相处。它们白天躲在洞穴中休息，晚上才出来觅食。晴朗的白天很难看到蜈蚣的身影。

别看蜈蚣样子恐怖，武器有毒，却是一个十足的胆小鬼，它行动小心谨慎，一旦有点风吹草动便四处逃窜。

蜈蚣身体外部坚硬的盔甲其实是它的骨骼，它需要通过蜕皮让自己的身体长大。

蜈蚣喜欢干净，它通过舔舐的方法把自己和洞穴打扫得干干净净，这是为了防止滋生霉菌。雌蜈蚣还会不停地舔舐卵，保持其清洁干燥，保证孵化成功。

有些巨型蜈蚣的毒性较强，能麻痹一只老鼠，所以它们经常捕食一些小型动物。

# 长着“大龅牙”的齿蛉



时间：4月15日　　天气：阴　　地点：足球场附近

今天我和几个好朋友一起去踢球了，糟糕的是，没踢一会儿就刮起了大风，乌云黑压压的，看起来马上就要下大雨，我们只能回家了。半路上经过一面石墙，我远远看到一个有点像蜻蜓的昆虫，慢慢走过去，生怕把它吓到飞走。走近才看清楚，这是一只齿蛉，它全身黄绿色，触角就像两个小棒槌顶在脑袋上面，还有一对棕红色的颚，虽然看上去不是很大，但还是能感觉出它们非常锋利。一对黄绿色的翅就像斗篷一样披在背上，静静地一动不动。可能是因为风太大了，这只齿蛉停在背风的石墙上躲避这突如其来的灾难吧。

我得赶快回家了，不然也要被淋成落汤鸡，希望这只齿蛉能安全地度过这场暴风雨吧。

**档案信息**

中文名 齿蛉
拉丁名 Corydalidae

门 节肢动物门
纲 昆虫纲
目 广翅目
科 齿蛉科

分布区域
除南极洲外全球广泛分布

炎黄星齿蛉，齿蛉家族中为数不多的色彩光鲜的成员。

**虫子说**

我们齿蛉是广翅目昆虫，也是最原始的完全变态昆虫之一。比起那些人丁兴旺的昆虫家族，齿蛉家族成员种类稀少，全世界只有26属大约270种。但是我们分布较广，除南极洲外，其他地方都能发现我们的身影。

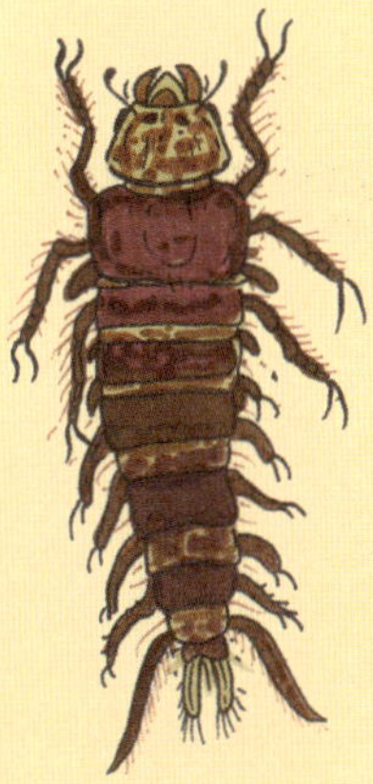

齿蛉幼虫

齿蛉成虫

有一些巨齿蛉的上颚非常大，甚至超过它们头部的三倍。

齿蛉成虫的上颚没有进食的功能，完全变成了炫耀美貌的道具和斗殴防卫的武器。

别看齿蛉幼虫的上颚没有成虫的大，但是却更具危险性，是绝对的猎食利器。

越中巨齿蛉头部

齿蛉整体身形修长，胸甲背板较窄，头部和腹部宽于胸部，就好像它们有一个又细又长的脖子。

齿蛉的上颚很发达，雄虫的较雌虫的更长、更大一些，就像一对又弯又长的牙齿，这也是它们被叫作齿蛉的原因。

齿蛉属于中大型昆虫，一般的齿蛉身长都能达到 50 毫米以上，其中最大的越中巨齿蛉身长能达到 200 毫米以上。

齿蛉看上去非常大的原因是因为拥有两对超大的翅，它们的翅展往往比身体要长，还很宽，但是它们的飞行能力比起蜻蜓这样的飞行高手来说逊色不少。

齿蛉细长的胸部连接头部和腹部的关节非常灵活，如果有来自后方的危险和攻击，它们可以将头后仰超过 90 度来进行回击。

大部分齿蛉的颜色比较灰暗，还有一对大龅牙，相貌吓人。但有些齿蛉的颜色比较鲜艳，像炎黄星齿蛉，很有几分“姿色”。

齿蛉雄虫会在雌虫面前极力地炫耀自己硕大的上颚，就像顶着一对弯弯的大牙晃来晃去，以此给对方留下个好印象。没错，齿蛉雌虫确实非常痴迷雄虫的这双大牙。

当然，雄虫的“大牙”可不是样子货，雄虫还得靠它们打斗一番，只有胜利者才能最终赢得雌虫的青睐。

齿蛉雌虫会选择在水源上方的植物叶子上产卵。卵孵化后幼虫就会掉入水中，开启它们长达好几年的水中生活。

齿蛉幼虫躲藏在溪流、湖泊的石缝下，伺机捕食小型的水生生物，一旦时机成熟，它们就会爬出水面钻入土里化蛹，过一段时间就可以羽化成成虫。

齿蛉的幼虫在水中用鳃呼吸，齿蛉成虫喜欢在近水区域活动，所以它们也属于水生昆虫。

齿蛉幼虫的生命周期很长，可以在水中生活三年之久，但是它们的成虫寿命很短，尤其是雄虫，交配完成后很快就会死去。

齿蛉虽然看着长相凶恶威武，但却非常脆弱，尤其是幼虫对生活水质要求极高，一旦水体被污染或酸碱度突然改变，它们就会从这片水域迅速消失。

# 飞檐走壁的“冷血刺客”——猎蝽

时间：4月16日　　天气：晴　　地点：海边的森林

这个周末我们一家来到雅典南部的海边。最近一段时间，南部海边的游客越来越多了，爸爸提议我们换一个地方。于是我们就开车顺着沿海的波塞冬大道一直往东，一路上经过几个海滩也都是人山人海。我们就继续向东开，转过一座山后，一片郁郁葱葱的森林忽然映入我们的眼帘。我们都很兴奋，感觉这就是我们一直要找的地方。

这一大片森林植被很丰富，当然也有很多昆虫，蚂蚁、蝴蝶还有蜂类随处可见，其中有几棵很高的柏树树干上爬满了麻皮蝽。我还发现了另外一种蝽，就是全身通红的猎蝽，背部还有几个十分明显的黑点。一看这浑身鲜艳无比的警告色，就知道这不是一个好惹的家伙。

没错，猎蝽可是昆虫界大名鼎鼎的杀手，它们的口器犹如匕首一样锋利，它们抓到猎物后，就把它们那把尖刀刺入猎物体内，注入麻醉液，等将猎物麻晕后，它们才开始慢慢享用美餐。

**档案信息**

**中文名** 猎蝽
**拉丁名** Reduviidae

**门** 节肢动物门
**纲** 昆虫纲
**目** 半翅目
**科** 猎蝽科

**分布区域**
除南极洲外广泛分布

**虫子说**

我们猎蝽家族在半翅目昆虫中也算是“名门望族”，全世界有6800多种，在整个蝽类昆虫中，我们的种类数量也是数一数二的。我们是天生的猎手，能捕食很多害虫，抑制农林虫害。

猎蝽的雌虫体型略大于雄虫。

猎蝽捕猎时会安静地躲藏在一个隐蔽的地方，或是把自己伪装起来，一旦猎物进入捕猎范围，它们就以迅雷不及掩耳之势迅速将其制服。

猎蝽用弯刀一样的口器刺入昆虫的背部，仅仅十几秒时间，这只昆虫就完全瘫痪了。

猎蝽体长10—25毫米，它们体形矫健、性情凶猛，犹如昆虫界的“猎豹”，具有很强的捕食能力。猎蝽种类繁多、颜色多样，有的灰头土脸，有的色彩鲜艳。

按照比例来看，猎蝽头部虽然长而尖，却很小，所以它的两只复眼也很小，不过视力极好，头顶一对触角又细又长。胸部背板呈菱形，侧缘齿突明显，前翅革质，呈细长状，无法覆盖整个腹部。

猎蝽栖息场所也很多样，或爬行于地表，或栖息于植物之上，或隐藏在树洞内、石缝中、树皮下。它们行动敏捷又善于飞行，简直就是飞檐走壁的冷血刺客。

虽然猎蝽捕食的猎物很庞杂，但是它们在捕食白蚁的方法上却自有一套。它们会将第一个咬死的白蚁作为诱饵，诱骗更多的白蚁上钩，猎蝽就能不费吹灰之力大快朵颐了。

猎蝽捕食行动缓慢的昆虫易如反掌，它们还能猎杀防御力很强的甲虫，甚至捕食攻击力很强的蜂类。

猎蝽有一个弯弓形的口器，可以藏入前胸腹面的纵沟内，很像一把可以折叠收纳的弯刀。

有些种类的猎蝽还伺机吸食哺乳动物（包括人类）的血液，摇身一变成了可怕的吸血鬼。如果不小心被猎蝽刺破皮肤，会有强烈的疼痛感，还是远离这些家伙为好，它们个个都是危险分子。

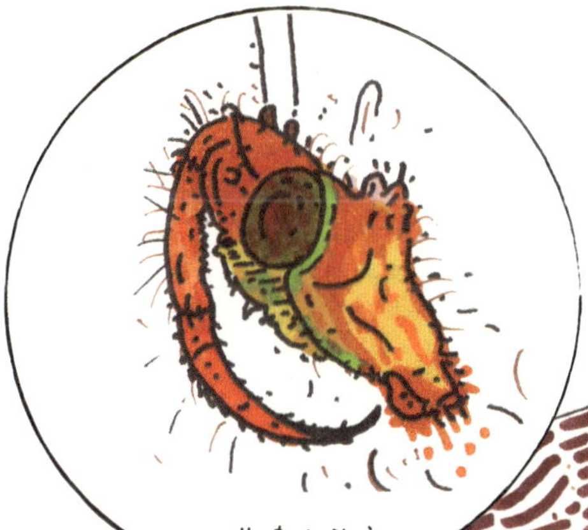

猎蝽的头部

# 聪明的“寄生兽”——姬蜂

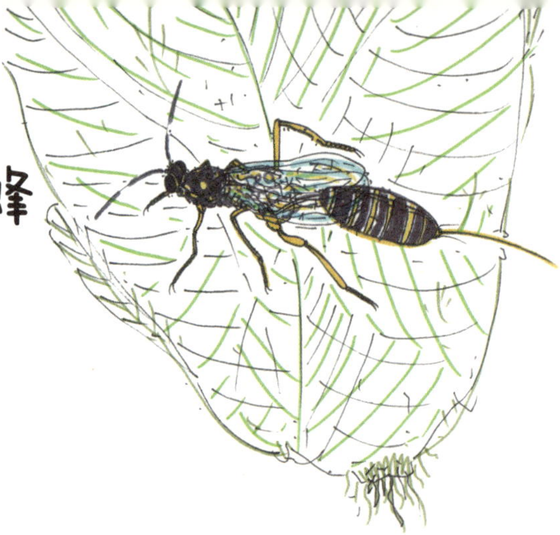

时间：4月22日　　天气：晴　　地点：集市的菜摊

今天我和妈妈去集市的时候，在一棵生菜叶上发现了一只姬蜂，是雄性的，我能这么快确定它的性别，就是因为它的腹部末端没有又细又长的产卵器。

姬蜂是一种寄生蜂，雌性姬蜂的产卵器要比它的身体长好几倍，它们可以将又长又尖的产卵器轻轻松松地刺入寄主的身体里进行产卵，是很多小昆虫的夺命死敌。有时候我们会发现雌性姬蜂把产卵器刺入树干中，误以为姬蜂是把卵产在树缝里，其实不然，姬蜂可以发现藏在树皮下或树缝中的昆虫幼虫或蛹，所以它们才把产卵器刺进树干里，完成寄生产卵。

我今天抓到的这只雄性姬蜂身体呈亮黑色，腿是鲜红色的，非常漂亮。我刚抓到它时，它还一直扭动它的腹部，做出想要蜇我的样子，不过我抓到的这种姬蜂没有螯针，它只是倚仗自己长得像胡蜂，比画比画，吓唬吓唬我罢了。我想它这种行为应该也算是一种拟态吧。

**档案信息**

**中文名** 姬蜂
**拉丁名** Ichneumonidae

**门** 节肢动物门
**纲** 昆虫纲
**目** 膜翅目
**科** 姬蜂科

**分布区域**
除南极洲外全球广泛分布

**虫子说**

我们姬蜂的种类目前在全世界有60000种左右，中国有1300种以上，可能还有很多种类没有被发现。我们姬蜂在昆虫界算是“虫丁兴旺”了。

姬蜂，犹如它的名字一样（姬是古代对女子的美称），拥有婀娜多姿的身形，胸部发达，腰部却长而纤细，颜色多为棕红色或棕黄色，雌性姬蜂腹部末端有长长的丝状产卵器，飞舞在空中像一位曼妙多姿的舞女。

所有的姬蜂都是寄生性昆虫，虽然它们的寄生本领千奇百怪，各不相同，但是基本上都是通过细长的产卵器将卵产在其他昆虫的幼虫体内。

姬蜂的雄虫和雌虫非常容易区分

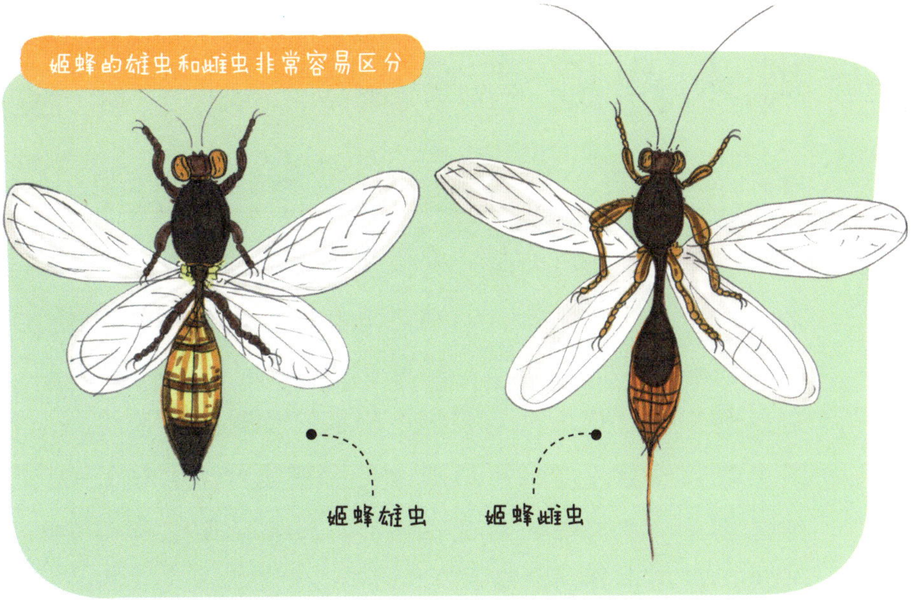


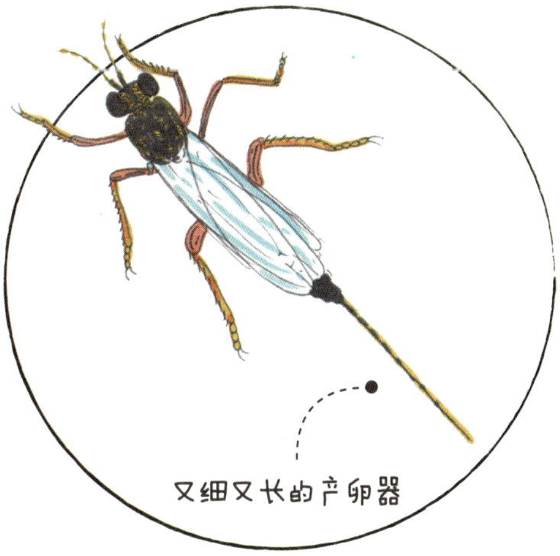


姬蜂雌虫长长的尾针就是它的产卵器，有些种类的姬蜂的产卵器比它身体还要长很多，应该是昆虫界中产卵器最长的动物之一了。

绝大多数种类的姬蜂会寻找鳞翅目昆虫或蜘蛛的幼虫作为寄生产卵的对象，而这些被寄生的幼虫绝大多数是农林害虫。一旦被寄生，这些害虫的生长发育将变缓，危害程度也会降低。从这方面看，姬蜂也算是功勋卓著。

作为一个聪明的寄生行家，姬蜂绝对不是徒有虚名，它们可以通过各种方式找到寄生目标的藏身之地，比如通过追踪目标的分泌物、粪便等含有的信息素，一旦锁定目标，几乎不会失手。

在舒适的肉体温床里，姬蜂的卵很快就会孵化成幼虫，开始它前半生凶残的寄生生涯。姬蜂的幼虫不会一下子将这个营养提供者咬死，而是有分寸地啃食它的非要害部位，这样既保证了食物来源的长久性，也保证了食物的新鲜度。看来姬蜂真是又聪明又凶残。

一旦姬蜂羽化成成虫，它们就开始访花吃素了，开启它人畜无害的后半生。

一只雌性姬蜂正在把卵非常精准地产在寄主的非要害部位.

# 腐木挖掘“专业户”——黑蜣

时间：4月24日　　天气：大雨　　地点：放学的路上

今天下了一场大雨，我在一截朽木上发现了一只黑色的小家伙，它长长的鞘翅上有细细的刻线，身体扁平，胸甲很大。我一看就知道，这是一只黑蜣无疑了。仔细看了看，这小东西长得还挺别致，它头上长有一对大颚，虽然没有锹甲的那么大，不过对于它这种尺寸的虫子，已经够大的了，更引人注目的是它那弯弯的像小梳子一样的触角。

很多人可能认为黑蜣和蜣螂一样喜欢吃动物粪便，其实黑蜣和蜣螂不是一类昆虫，它们绝不会碰粪便，而是喜欢吃腐木，并且一生都以腐木为食。

我已经有一段时间没抓到过小虫子了，所以决定把这只黑蜣带回家养起来，等它寿终正寝的时候，再把它做成标本。

**档案信息**

**中文名** 黑蜣
**拉丁名** Passalidae

**门** 节肢动物门
**纲** 昆虫纲
**目** 鞘翅目
**科** 黑蜣科

**分布区域**
广泛分布于热带地区，亚热带也有部分分布

**虫子说**

我们黑蜣家族具有一定的社会性，主要体现在合作育儿上，雄虫和雌虫组成家庭后会将“家”打造得温馨舒适，分工协作，照顾虫卵、喂食幼虫、防御敌害保护家园。

黑蜣是金龟总科中种类较少的族群，目前全世界共发现有600多种。

这只黑蜣浑身漆黑黝亮，腹甲上有密集的竖形刻线。胸甲格外发达，明显宽于它的腹甲，和其他甲虫比较，显得有些不太协调，好像在肩膀上披了一件宽大厚重的盔甲。

黑蜣，整个身体呈黑色，有一定的金属光泽，就像刷了一层黑色油漆，所以也被叫作“漆皮甲虫”。

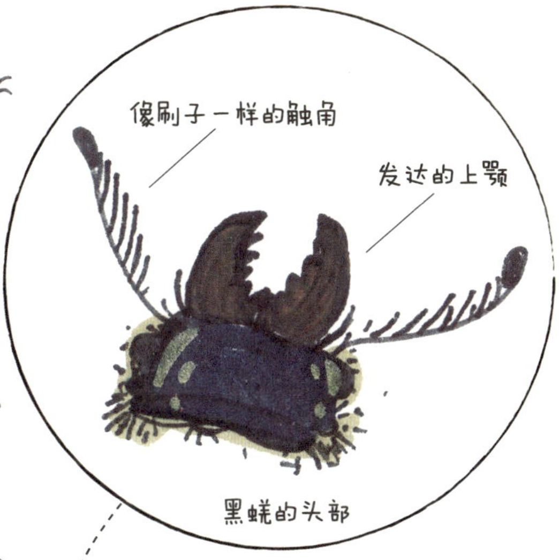


除了极具特点的身形外，黑蜣的头部也个性十足，宽大有劲的上颚、像刷子一样的触角，还有头部中间的一个角状的凸起。

黑蜣身体扁平，胸部和腹部连接处的关节十分灵活，这样的身体构造有利于它们在朽木缝隙中钻来钻去。

黑蜣父母会将腐木细致地加工处理，就像厨师一样，把腐木食材“烹饪”成可口的“婴儿餐”，喂食给它们的幼虫宝宝。

大部分品种的黑蜣生活在热带地区，体长普遍30—50毫米，个头不算小。

黑蜣强大的上颚并不是杀伐屠戮的武器，而是得力的挖掘腐木的工具。黑蜣一生都是素食主义者，成虫和幼虫基本都以腐木为食。

那些看似没有任何用途的腐木对于黑蜣来说是美味珍馐，而它们吃掉腐木也能促进森林新陈代谢。

黑蜣的成虫和幼虫都能发出我们可以听到的声音，这是它们互相交流的独特语言。

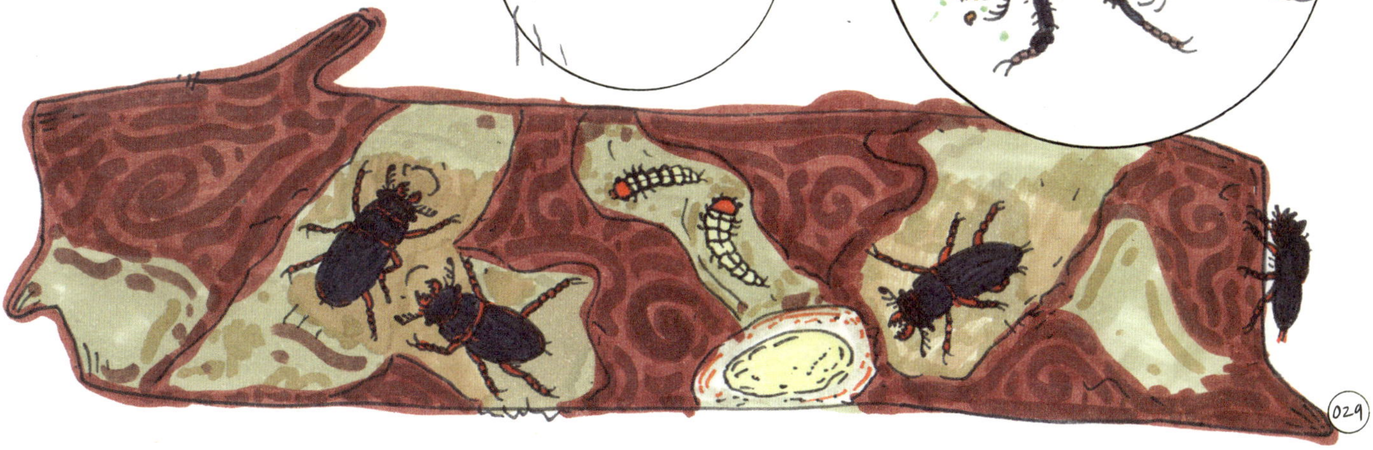

# 爱装蜂的食蚜蝇

时间：4月25日　　天气：晴　　地点：家中

如果看到身体黄黑相间，还会在花丛中“嗡嗡嗡”叫的昆虫，很多人会认为是蜜蜂，其实也可能是一类昆虫在欺骗你们，它们就是食蚜蝇。

今天我在一本昆虫百科书上偶然看到了这种昆虫的介绍，回想起以前的经历，我也曾被这种昆虫欺骗过。之前我确实在花丛中看到过长得和蜂几乎一模一样的食蚜蝇，那时候我还琢磨这是什么种类的蜂呢。现在真是感叹它高超的装蜂本领。

不过，因为食蚜蝇不属于蜂类，它们的外形和蜂类还是有一定差别的。只要仔细观察就不难发现，食蚜蝇只有一对可用于飞行的翅，而蜂类有两对可用于飞行的翅，食蚜蝇的体型比蜂类更小一些，而复眼要比蜂类大很多。虽说它们是蝇类，但是并不招人讨厌，大部分食蚜蝇幼虫会捕食蚜虫、介壳虫等害虫，而成虫则吸食花蜜。

下次我就不会被这个爱装蜂的家伙骗了，我还要仔细观察它，也许会发现其他有意思的事情呢。

**档案信息**

**中文名** 食蚜蝇
**拉丁名** Syrphidae

**门** 节肢动物门
**纲** 昆虫纲
**目** 双翅目
**科** 食蚜蝇科

**分布区域**
东亚、东南亚及俄罗斯广泛分布

食蚜蝇用尽全身解数，伪装成蜂类在花丛中飞来飞去。高超的“演技”足以帮助它们在自然界中“欺骗”很多天敌。

**虫子说**

我们食蚜蝇最厉害的本领是拟态各种蜂类，比如在外形特征上模仿黄蜂、蜜蜂还有熊蜂，甚至可以模仿蜂类的行为，发出“嗡嗡嗡”的声音，还能模仿蜂类蜇刺的动作，虽然我们没有像蜜蜂和胡蜂一样的螯针。

食蚜蝇成虫穿了一件和蜂类一样的“外套”。尤其是腹部，有明显的黄色、橘色和黑色条纹。食蚜蝇的体态有的肥胖、有的纤瘦，而体型也有小有大，所以它们可以拟态成各种蜂类。

食蚜蝇有一对超级大的复眼，就像戴着一副大墨镜，雄虫两眼合生而雌虫两眼离生，但也有一些种类的雄虫和雌虫两眼均为离生。由于复眼大而突出，它们的头部看起来很大。

虽然食蚜蝇装蜂的本领高超，但由于属于双翅目的蝇类，所以只具有一对用以飞行的翅。这也是它和蜂类的最大不同。

食蚜蝇成虫不但在外形上伪装成蜂类，而且一些生活习性也和蜂类如出一辙。它们是为数不多的像蜜蜂一样以花蜜为食的昆虫，雌虫比雄虫更需要大量的花蜜，以确保能正常地产卵。如此看来，食蚜蝇在为植物传播花粉这件事上功不可没，甚至超过了蜂类。

虽然食蚜蝇比蜂类少了一对可用于飞行的翅，但奇怪的是，它的飞行本领似乎要比蜂类胜出一筹。它不仅能够像直升机一样长时间在空中悬停，还能以极快的速度漂移到另一个悬停点。

食蚜蝇的触角非常短小，也并不像蜂类那样是丝状的，而是像两个小肉棒。它的口器像一个大吸盘，吸食花蜜很方便。

大部分的食蚜蝇幼虫最喜欢吃的食物就是鲜嫩多汁的蚜虫，这也是食蚜蝇名字的由来。

食蚜蝇喜欢阳光，在正午时分就会看到很多食蚜蝇飞舞在花丛中。

食蚜蝇的幼虫是捕蚜能手，成虫是传粉功臣，它们是名副其实的益虫。

# 红色的“臭大姐”——始红蝽

时间：5月1日　　天气：晴　　地点：温泉关

这个“五一”假期我们全家决定去希腊中部的城市沃洛斯，去参观一家私人的昆虫博物馆，中途我们在温泉关休息。这里有天然的硫磺温泉，爸爸告诉我，很久以前著名的希波战争中三百斯巴达勇士阻击敌军的故事就是在这里发生的。

我看温泉旁边那片草地绿得可爱，便跑过去寻找昆虫的身影。找了好长时间，终于在一片荨麻上发现了一只蝽。这只蝽红红的，翅的质感粗糙，很像块红玛瑙，原来是一只始红蝽。因为太着急，我被荨麻叶子上的尖刺给扎到了，这感觉就像打了麻醉针似的，疼痛无比。这只蝽却一动不动，好像在对我说：“哈哈哈，看你怎么抓到我，真笨。”我只好乖乖戴上了手套，轻而易举就把这只蝽抓住了。哈哈，小家伙最后还是没有逃过我的“魔爪”。

**档案信息**

**中文名** 始红蝽

**拉丁名**

*Pyrrhocoris apterus*

**门** 节肢动物门

**纲** 昆虫纲

**目** 半翅目

**科** 红蝽科

**属** 红蝽属

**分布区域**

欧亚大陆均有分布

**虫子说**

我们始红蝽是半翅目红蝽科昆虫大家族中的一员，因为色泽极其红艳而成为红蝽家族的明星。虽然我们外表鲜艳靓丽，可是当我们感受到危险时就会从臭腺分泌难闻的液体，所以很多人也叫我们“臭大姐”。

蝽类昆虫的身形辨识度非常高，虽然它们由于种类不同而在个头大小、身材胖瘦上有所不同，但是基本都是以扁扁的盾形为基础身形。始红蝽就是典型的扁盾形身材。

据我观察，这种扁扁的身形对于善于爬行的始红蝽来说，最大的好处就是可以丝滑地穿行于各种缝隙中。

始红蝽冬眠时会藏在树干或是墙壁的小缝隙中。

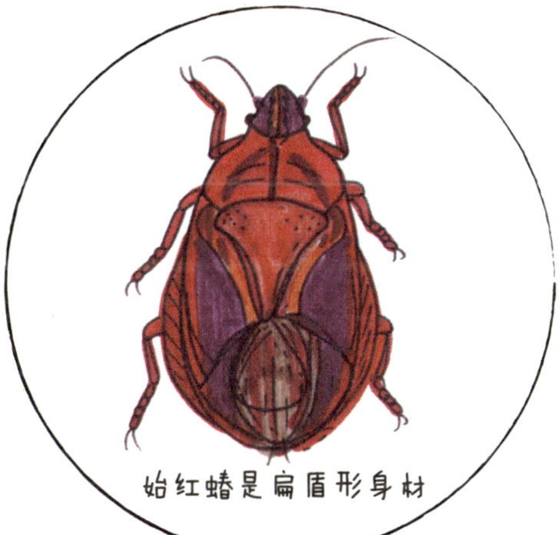
始红蝽是扁盾形身材

始红蝽的红色外衣并不是在展示它的美丽外表，这种鲜艳的色彩其实是一种警告色。

或许是因为始红蝽既没有壮硕的防御性身体，也没有强大的进攻性武器，这才进化出刺眼夺目的警告色来吓唬敌人。

说来也神奇，始红蝽作为食物来说确实不受待见，它很少被鸟类或其他动物捕食，可能在捕食者眼中，它的这身装束相当于释放了“有毒”“难吃”的信号。

始红蝽的后翅十分特殊，其质地一半是革质，一半是膜质，看起来它的外鞘翅只有一半的样子，这可能就是“半翅目”命名的缘由吧。

始红蝽是植食性昆虫，它有一个像针管一样的刺吸式口器，吸食植物叶子或果实中的汁液，但对植物生长发育的影响并不大。

# 花金龟的“王室成员”——大王花金龟

时间：5月2日　　天气：晴　　地点：昆虫博物馆

沃洛斯是希腊的第三大城市，位于希腊的东部沿海地区。我们从雅典开车近三个小时来到了沃洛斯，为的就是参观这里的一家私人昆虫博物馆。这家昆虫博物馆是由一位希腊著名的昆虫学家创立的，现在他的年龄很大了，目前博物馆由他的儿子管理。

这家昆虫博物馆不大，但是里面的藏品很丰富，听馆长介绍，这里所有的标本都是他父亲和他姐姐收集制作的。我顿时羡慕不已，我的标本数量和这里比简直微不足道。他知道我们来自中国，还特意介绍了一大组标本，是他父亲在很多年以前去中国采集的。

在众多的昆虫标本中，我印象最深刻的就是那几只大王花金龟。馆长介绍说这是一种非常稀有的甲虫。哎！什么时候我也能拥有一只大王花金龟的标本呢？

**档案信息**

**中文名** 大王花金龟
**拉丁名** *Goliathus* sp.

**门** 节肢动物门
**纲** 昆虫纲
**目** 鞘翅目
**科** 金龟科
**属** 大王花金龟属

**分布区域**
非洲地区广泛分布

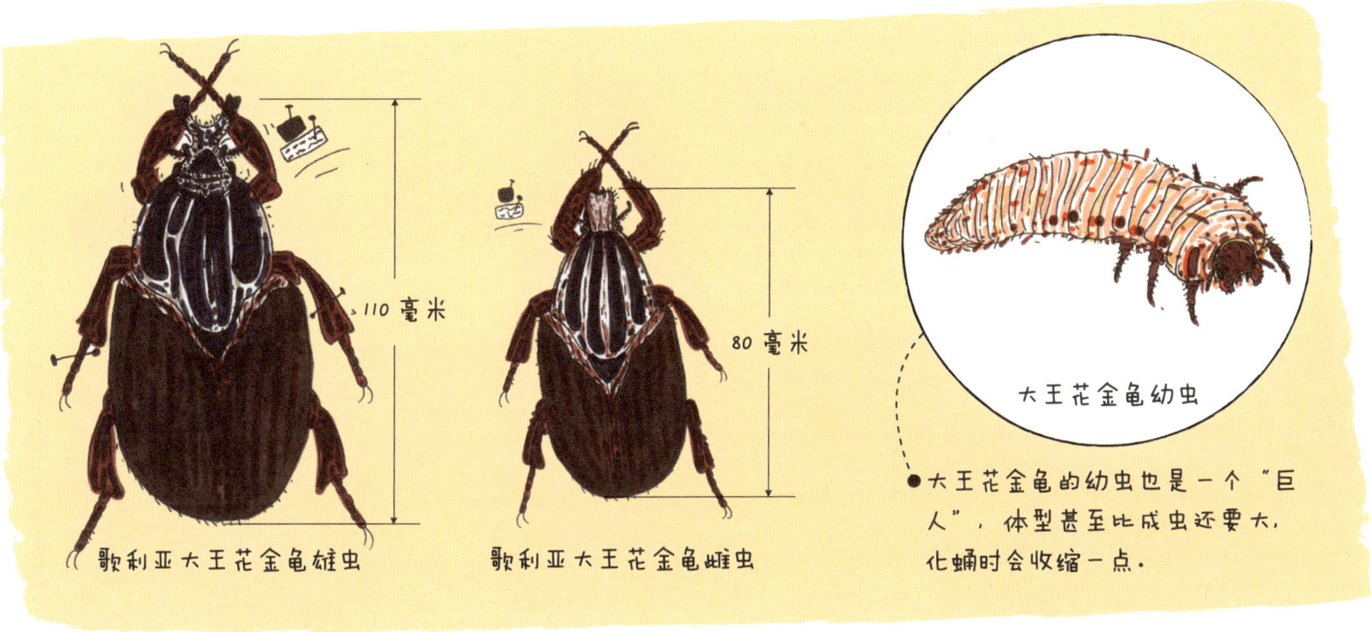


大王花金龟，作为一类遍布非洲大陆的超大型金龟科昆虫，以它健壮丰满的体形、独特个性的色彩理所应当地成为花金龟中的“王族”。

大王花金龟雄虫体形比雌虫大，雄虫头上有角突，用来“打架斗殴”，争夺地盘、食物和雌虫。雌虫头部没有角突，更像一把铲子，可以用来挖洞产卵。

大王花金龟的幼虫和很多甲虫的幼虫一样都是肉食主义者，它们捕食其他昆虫或幼虫来补充成长所需的蛋白质，羽化后就开始吃素，变成了甜食爱好者。

大王花金龟属在野外有五个“王室成员”——皇家大王花金龟、歌利亚大王花金龟、虎斑大王花金龟、银背大王花金龟和白纹大王花金龟。

大王花金龟属的拉丁学名“*Goliathus*”来自希腊神话中著名的巨人之一“歌利亚”。用一位神话中巨人的名字来命名，足以说明大王花金龟无可替代的巨无霸地位。

大王花金龟不仅体型巨大，还远比我们想象的要强壮，它们可以举起比自己身体重八百倍的重物，并拥有非常坚硬锋利的爪钩和角突。在昆虫王国中几乎无虫敢招惹它。

不过面对体型较大的爬行动物或鸟类的袭击，大王花金龟只能靠逃跑远离危险。可一旦遇到非洲大陆上的猴子，它们几乎没有任何逃命的机会。

大王花金龟是目前世界上最大的花金龟，其中皇家大王花金龟的体长是大王花金龟家族中最长的，达到 120 毫米，而体形最小的虎斑大王花金龟的体长也有 75 毫米。

# 跳高冠军——沫蝉

时间：5月3日　　天气：晴　　地点：皮利翁山

按照行程，今天一早我们一家就从沃洛斯的酒店来到了皮利翁山野采。刚到达目的地，我就像风似的去后备箱拿我的捕虫工具。还没进山，我就在路旁的兰花上发现了几只小沫蝉。这些沫蝉全身黝黑，还有几块血红色的斑块，就像人画上去似的，非常漂亮，还形成了一个人脸形，既像京剧里的丑角，又像红脸关公。我正准备抓它们，嗖嗖嗖，它们一个一个地就如弹簧一样，从这朵花上跳到另外几朵花上。犯了一次错就要长教训，于是我慢慢地把手靠近它们，以迅雷不及掩耳之势，"啪"的一下子就徒手抓到了一只。我把它放到一个小瓶子里以便观察，然后就继续向山里走去。

**档案信息**

**中文名** 沫蝉
**拉丁名** Cercopidae

**门** 节肢动物门
**纲** 昆虫纲
**目** 半翅目
**科** 沫蝉科

**分布区域**
除南极洲外全球广泛分布

沫蝉身体比较小，做标本不太容易，我费了九牛二虎之力才终于做成功。

**虫子说**

别看我们沫蝉身体小巧，也没有鸣鸣蝉那样的歌喉，但是我们也有绝技傍身——小时候会吐泡泡，长大了是跳高冠军。

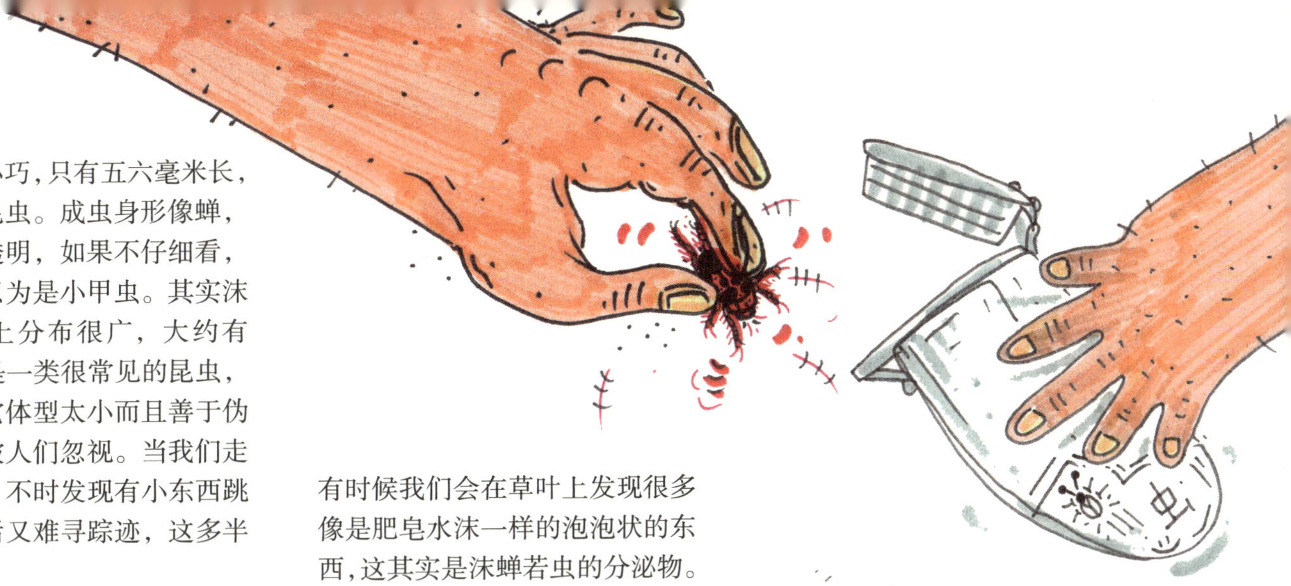


沫蝉身体小巧，只有五六毫米长，属于小型昆虫。成虫身形像蝉，但是翅不透明，如果不仔细看，很容易误以为是小甲虫。其实沫蝉在世界上分布很广，大约有2000种，是一类很常见的昆虫，但是由于它体型太小而且善于伪装，总是被人们忽视。当我们走在草丛中，不时发现有小东西跳起来，之后又难寻踪迹，这多半就是沫蝉。

可别小瞧这小东西不起眼的一跳，它的这一跳，跳出了冠军的水平。沫蝉最高能跳70厘米的高度，如果按照和它身长的比例来说，就相当于人类跳了200米的高度。

沫蝉如此高超的跳跃能力归功于它后足特殊的肌肉组织，它们能释放出强大的爆发力。也许更深入地对沫蝉进行观察研究，能给我们的发明创造带来更多的灵感。

有时候我们会在草叶上发现很多像是肥皂水沫一样的泡泡状的东西，这其实是沫蝉若虫的分泌物。

这些泡泡状的分泌物可不是沫蝉若虫的口水，它们是从沫蝉若虫的肛门中排出来的，这些分泌物可以很好地给若虫营造一个潮湿舒适的生活环境，而且也可以保护若虫的安全。

沫蝉若虫用吐出来的泡沫给自己造了一座安全舒适的“房子”，这就是沫蝉名称的由来。

沫蝉喜欢聚居生活，很多沫蝉隐藏在一片草丛中。有时候当我们走过草丛时，沫蝉会接二连三地跳起来，场面很壮观。

# 夏

夏天不仅有清脆的蝉鸣声，还有讨厌的蚊子声。

# 会“武术”的广斧螳

时间：5月13日　　天气：晴　　地点：路边

哇——听到妈妈的叫声后，我马上跑过去，原来是一只螳螂趴在路边灌木丛的叶片上。我立刻把这只螳螂抓住，仔细一看，这只螳螂浑身呈半透明翠绿色，肚子很大，翅还没有长完全，应该是一只广斧螳的幼螳。它大摇大摆地在我胳膊上走着，别提有多威风了。最引人注目的是它那两把像镰刀一样的前足。你看，它挥舞着“大刀”，活像一个大将军。我精心地照顾它，还给它起了一个响亮的名字——斧子。

我每天都会出去抓蚂蚱，然后轻轻地放在斧子面前。它紧紧地盯着眼前的美味，嗖地一下就把蚂蚱抱住了。一天早上，我发现斧子逃出了它的家，这可把我急坏了，我到处寻找。突然，一只倒挂在长春花枝干上的螳螂映入眼帘，这不就是斧子嘛！它的上半身已经从皮里脱出来了，整个身子大了一圈。斧子盯着我，好像在说：“不要打扰我！”我静静地看着，我知道螳螂每蜕一次皮，就是过一次鬼门关。

**档案信息**

**中文名** 广斧螳
**拉丁名**
*Hierodula patellifera*

**门** 节肢动物门
**纲** 昆虫纲
**目** 螳螂目
**科** 螳螂科
**属** 斧螳属

**分布区域**
东亚、东南亚广泛分布

**虫子说**

我们螳螂在蜕皮时需要倒挂着，靠重力挣脱旧皮囊，这时一旦坠落就会有生命危险。另外，我们在蜕皮前后全身会变得软弱无力，不管面对什么美味都没有胃口，也没有力气去捕捉猎物。

螳螂属于不完全变态昆虫，它从卵里孵化出来的若虫和成年螳螂长得基本一样。

我的这只广斧螳虽然体长有40毫米，但它还处于“儿童期”，全身黄绿色，大肚子总是高高地翘着。

## 这些不像螳螂的螳螂很奇妙

全身散发着耀眼金属色泽的华丽金螳，要不是有一双大刀在手，倒是更像一只艳丽的甲虫。

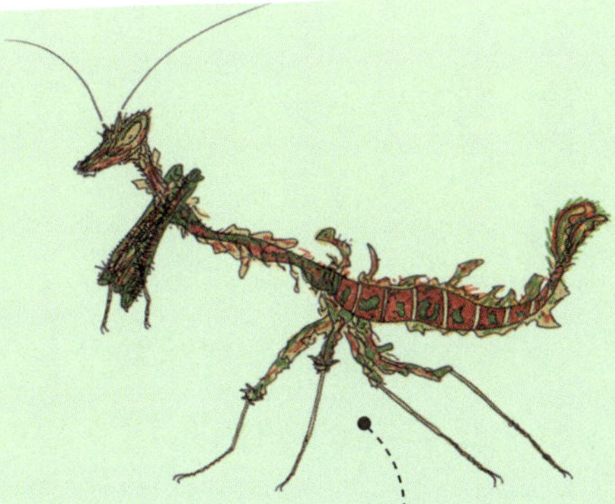

巴西龙螳螂是螳螂家族中真正的“贵族”，它们造型奇特，非常稀有。

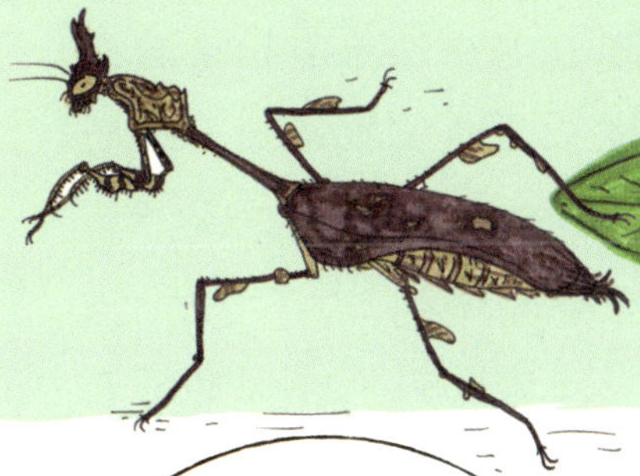

小提琴螳螂不仅造型很符合它的名字，形态举止也像小提琴一样，十分优雅。

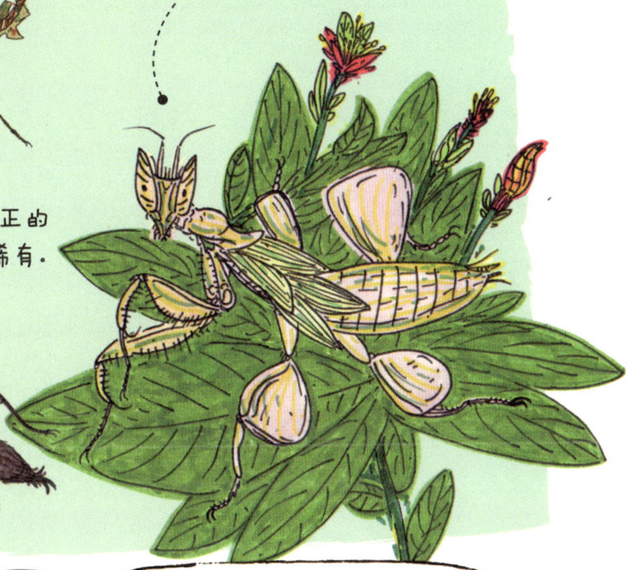

这里有一只螳螂，你能看到吗？它是兰花螳螂。

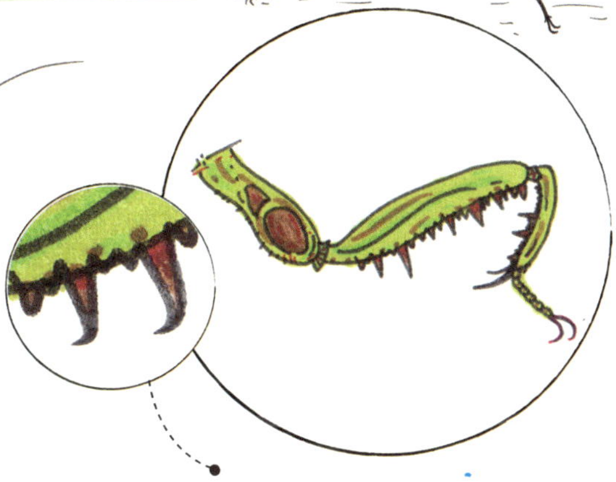

螳螂的两把大刀叫作捕获足，是螳螂的前足，上有一排坚硬的锯齿，末端各有一个钩子，用来钩住猎物。它可以在二十分之一秒内出刀，精准命中猎物。

广斧螳前足的腿节和胫节上有锋利的钩状尖刺。天下武术唯快不破，刀法了得的螳螂也是以快制胜。

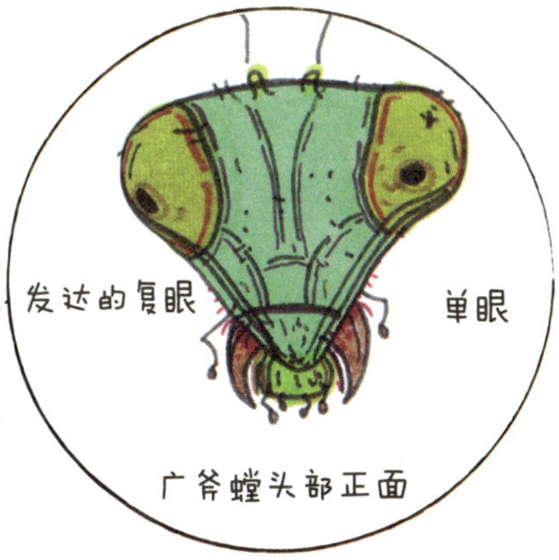


广斧螳头部正面

成年后的广斧螳体长普遍可以达到 70 毫米甚至更长，以绿色或黄绿色居多，最好识别的特征除了腹部特别宽大以外，就是外翅两侧各有一个明显的白色斑点。

广斧螳也有拟态的本领，它行动很隐秘，尤其是在绿色植物上。如果不仔细观察就很难发现它的行踪。

大概过了三个月，我的广斧螳蜕了七次皮，成了成年螳螂。

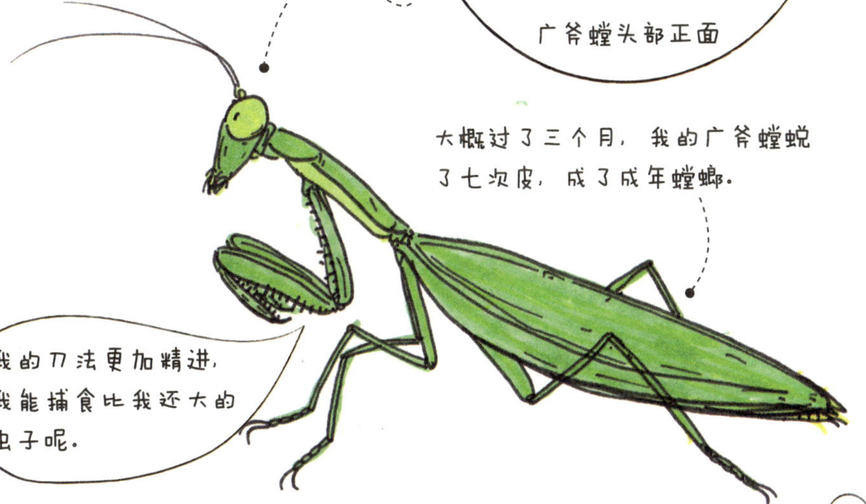

# 蝴蝶蛹里的寄生虫

时间：5月18日　　天气：晴　　地点：家中

今天早上吃完早饭，我就去欣赏前几天刚刚做好的蝴蝶标本。刚走到我的蝴蝶标本柜前时，我傻眼了，一些黑乎乎的小芝麻在一个标本展示盒里乱飞。当时我心里一惊，立马凑上前去仔细观察，哦，原来是一种体型非常小的蜂类，它们小小的，黑黑的，有一对非常小的透明的翅。我不清楚这是什么蜂，但是据我判断，应该是一种寄生蜂。它们是从哪里孵化出来的呢？我把标本盒里的所有标本都观察了一遍，最后把最大的嫌疑锁定在了一枚蝴蝶蛹的标本上。不出所料，果真是它——它的侧下部有一个很小的孔，这些寄生蜂就是从这个小孔中飞出来的。真相终于被我找到了。

我小心地将标本盒清理干净，就算是吃一堑长一智吧，下一次一定要更认真地处理标本了。

**档案信息**

**中文名** 蝶蛹金小蜂
**拉丁名**
*Pteromalus puparum*

**门** 节肢动物门
**纲** 昆虫纲
**目** 膜翅目
**科** 金小蜂科
**属** 金小蜂属

**分布区域**
全球广泛分布

**虫子说**

我们寄生蜂和捕食性昆虫不同，我们将卵产在寄主的身体表面或身体里，幼虫不能主动寻找食物，只能靠蚕食寄主的身体而存活。

蝶蛹金小蜂是一种体型非常小的寄生蜂类，它们非常喜欢寄生在鳞翅目昆虫的蛹里面，尤其是菜粉蝶的蛹。

蝶蛹金小蜂雄蜂和雌蜂体形大小差不多，体长只有两三毫米，全身蓝黑色并有一定的金属光泽，腿节两端是黄褐色的。复眼较大，呈暗红色，触角呈棒状且末端有浓密的绒毛。

蝶蛹金小蜂能轻易地找到寄生的蝴蝶蛹，用产卵器刺入蛹内产下好几十枚卵的同时，也将具有抑制生长发育的毒液注入蛹体内。

被寄生的蝴蝶蛹随着寄主的卵逐渐孵化而慢慢死去，成为寄主最好的营养源泉和生长温床。

**其他小型寄生蜂类**

广大腿小蜂，在小型寄生蜂中算是个“巨人”了，成虫体长超过5毫米。它这个有趣的名字源于它粗壮的后足，这让它看起来虽小却显得格外结实。广大腿小蜂不仅喜欢寄生在鳞翅目昆虫的蛹中，连双翅目昆虫的蛹也不放过。

白蛾黑基啮小蜂，这种寄生蜂的个头比蝶蛹金小蜂还要小，一般只有1.5毫米左右，它们身体呈黑蓝色，金属光泽更明显，足部是非常鲜艳的黄色。它们喜欢寄生在蛾类的蛹里，尤其是美国白蛾。或许是因为个头小，白蛾黑基啮小蜂群集寄生的数量更多，在每个蛹内能孵化出近200只小蜂。

这些寄生蜂都喜欢寄生在蝶类或蛾类等农业害虫的蛹中，在控制这些害虫的危害方面扮演着重要角色。

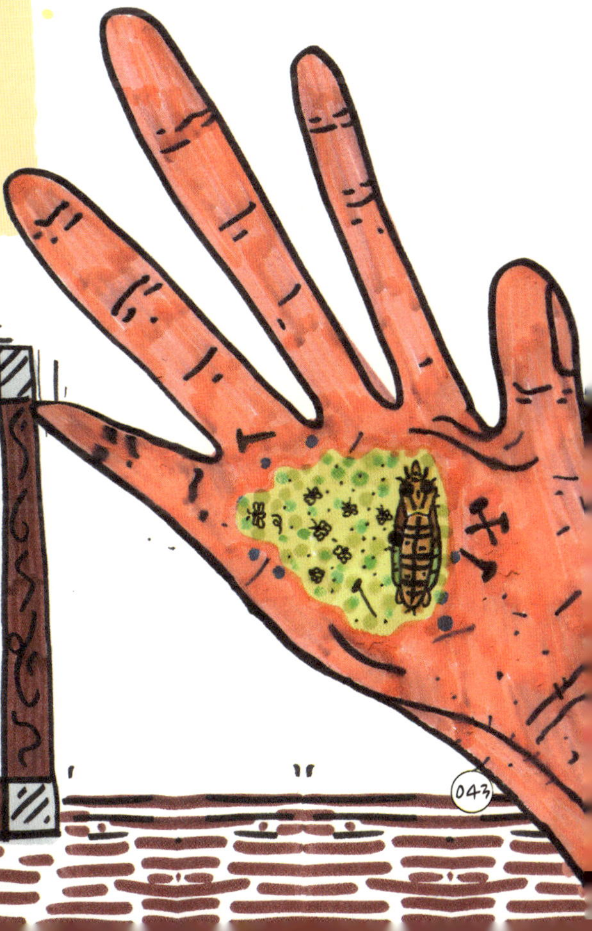

# 讨厌的蚊子

时间：6月4日　　天气：晴　　地点：院子里

档案信息

中文名 蚊
拉丁名 Culicidae

门 节肢动物门
纲 昆虫纲
目 双翅目
科 蚊科

分布区域
除南极洲外全球广泛分布

夏天悄悄地来了，也许就是一只蚊子告诉我们的。

今天天气非常好，阳光明媚。我把作业写完后就跑到院子里去踢足球。我玩得正开心，耳边传来嗡嗡嗡的声音，我用手一挥，正好拍到了什么，我俯下身体，仔细地在地上找来找去。找到了，原来是一只蚊子，它被我给打晕了，四仰八叉地趴在地上，看起来伤得不轻。

啊！讨厌的蚊子，又要被它叮得到处是红包。说起蚊子，大家是不是觉得所有的蚊子都是害虫？都会吸血？其实只有雌蚊子才会吸血，而雄蚊子只吸食花蜜。

糟糕，看来今天足球是玩不了了，我好像被复仇的蚊子大军给包围了。

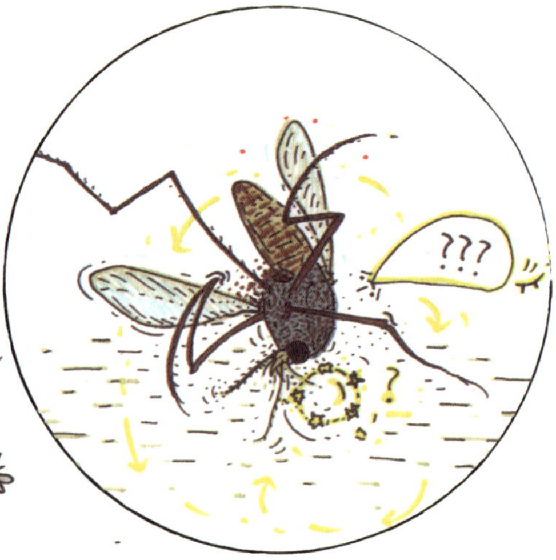


**虫子说**

我们蚊类是双翅目昆虫的典型代表，全世界大约有3600种，由于雌蚊的特殊爱好，我们成了传播疾病的罪魁祸首，人类也把我们视作世界上最危险的动物之一。

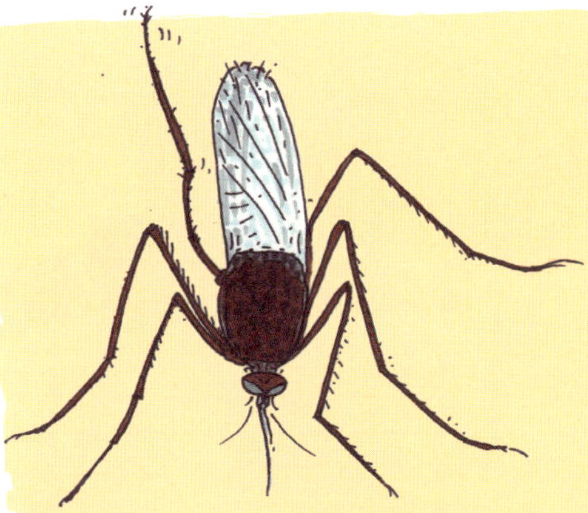

蚊类是完全变态昆虫，卵、幼虫和蛹生活在水中，成虫生活在陆地上。

蚊子的幼虫被称为孑孓（jié jué），它们倒立将腹部伸出水面进行呼吸。

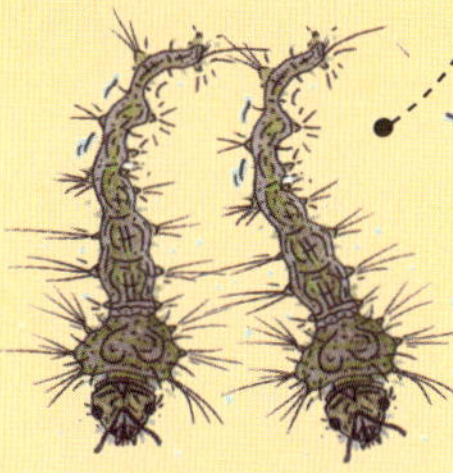

大部分的蚊子虫卵的孵化及幼虫的成长和化蛹后的羽化时间都和温度有关。气温较高，这个过程的持续时间就较短。

蚊子的生命周期非常短，从卵的孵化到成虫死亡最长也就两个月，雄蚊交配七至十天后就会死亡。

蚊子的体形纤细瘦弱，体长不过10毫米，一对前翅窄细而长，后翅特化成一对平衡棒，头部很小，腹部细长，胸部宽于头部和腹部，足部是体长的一倍多。

蚊子身体很小，但是却有一个很长的刺吸式口器，就像一根又细又长的针管，能轻松地穿透动物和人类的皮肤。

不是所有的蚊子都吸血，只有大部分蚊类中的雌蚊吸食动物或人类的血液，而所有的雄蚊都是纯粹的素食主义者。

雌蚊也不是一直都以血液为生，只有在它产卵期间需要补充蛋白质时才会变成吸血鬼。

蚊子虽然身材小巧，但是身体表面覆盖着极其细小的鳞片和绒毛，这些颜色各异、排列有序的鳞片给蚊子装扮上了不同颜色、图案和花纹的外衣。

大部分蚊类都属于夜行昆虫，不喜欢强烈的光照，白天喜欢躲藏在隐蔽、阴暗、通风不良的地方，傍晚后活动频繁。

雌蚊可能对二氧化碳、热源和汗液比较敏感，所以当我们呼吸、皮肤裸露和大量出汗时会很容易成为雌蚊叮咬的对象。

蚊子吸血前行动敏捷，吸血后由于腹部膨大，反应变迟缓，会躲藏在隐蔽处消化食物，吸收营养。

蚊子在飞行的时候，会发出“嗡嗡嗡”的声音，这可不是蚊子的叫声，而是蚊子飞行时振动双翅的声音。

蚊子飞行能力较强，飞行时双翅每秒振动大约六百次。

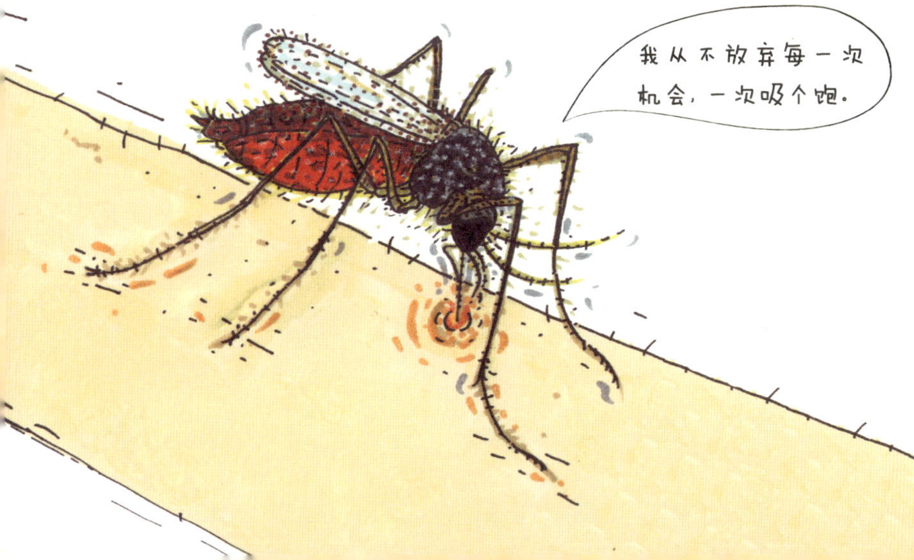

# 灿烂夺目的铜绿丽金龟

时间：6月6日　　天气：晴　　地点：上学的路上

今天我抓到一只金龟子，它的个头很大，绿色的，还闪着金属光泽。这种金龟子在中国很常见，还有红色的和黄色的。我以前抓到过很多种金龟子，像宝石丽金龟、小青花金龟、大黑鳃金龟等。它们的个头差不多，但是它们的背甲却有的大有的小，这是为什么呢？

我发现这种金龟子头扁扁的，像长了六条腿的大铲车。这只金龟子的颜色很艳丽，我打算把它养起来，便给它准备了一个亚克力盒，还给它造了个景，喂了它一点水果。它大口大口地啃了起来。

我查了一下，我抓的这只金龟子叫铜绿丽金龟，这名字和它的颜色还挺搭配嘛。

**档案信息**

**中文名** 铜绿丽金龟
**拉丁名**
*Anomala corpulenta*

**门** 节肢动物门
**纲** 昆虫纲
**目** 鞘翅目
**科** 金龟科
**属** 异丽金龟属

**分布区域**
东亚、东南亚广泛分布

**虫子说**

我们最喜欢吃树木的叶子，尤其是果树的。

这只铜绿丽金龟体长大概有20毫米，全身泛着绿色的金属光泽，非常地灿烂夺目。

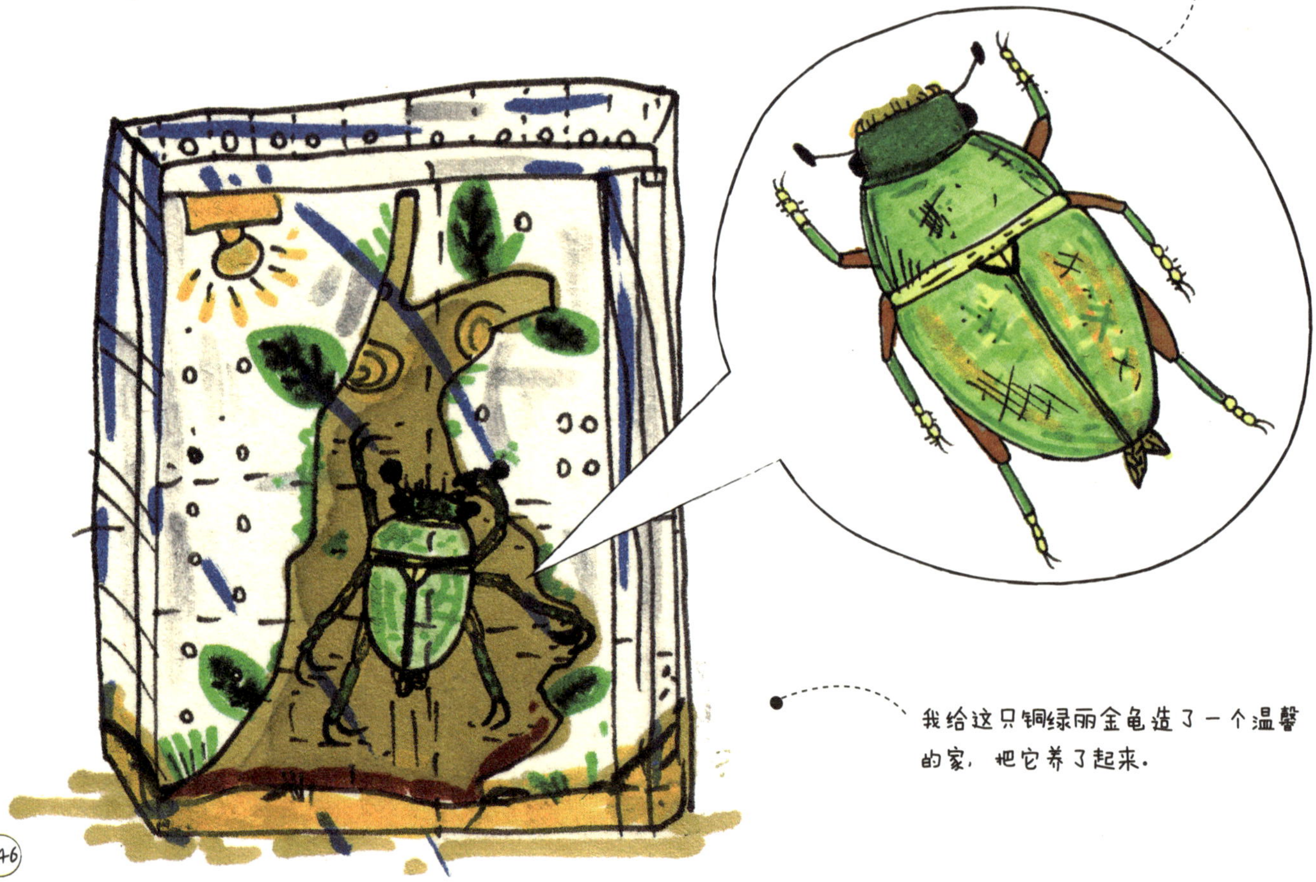

我给这只铜绿丽金龟造了一个温馨的家，把它养了起来。

铜绿丽金龟不但颜色鲜艳，而且两个鞘翅上各有四条明显的纵脉，上面布满排列有序、凸凹不平的刻点。

铜绿丽金龟有一个大大的、扁扁的脑袋，就像一辆大铲车。

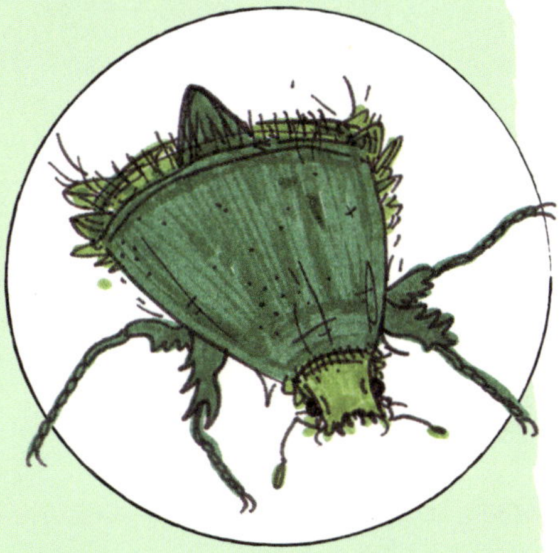

铜绿丽金龟雌虫

铜绿丽金龟六只足是棕褐色的，前足胫节处有明显的两个外齿。

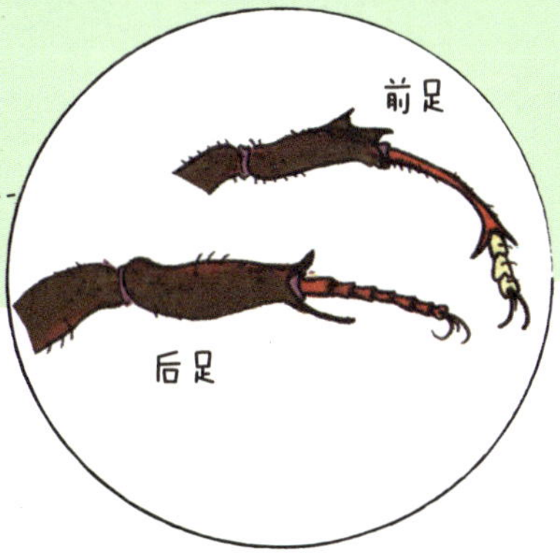


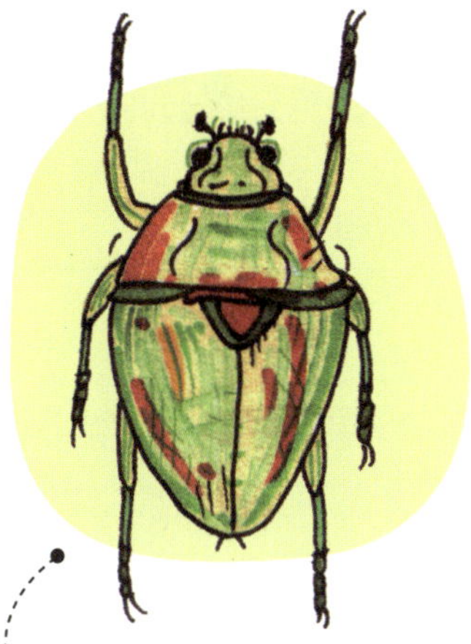

这是一只宝石丽金龟，它和铜绿丽金龟很容易被混淆，最初我就傻傻分不清。

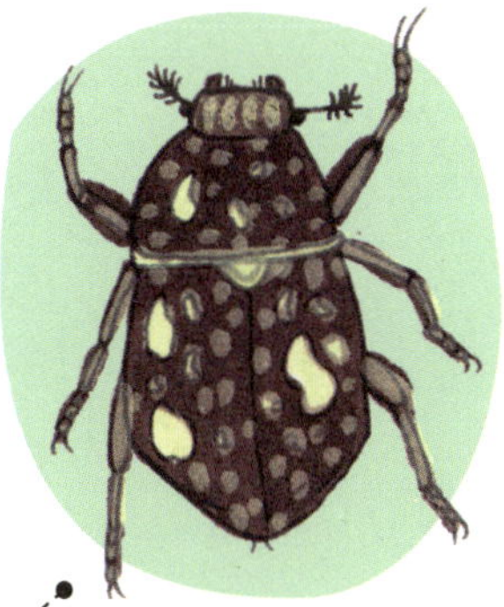

我之前还抓到过小青花金龟，它的胸甲和背甲上有明显的斑点，体型要比铜绿丽金龟小一些。

铜绿丽金龟的雄虫和雌虫的样子差不多，不仔细辨认不好区分。每年五月下旬逐渐开始羽化成虫，成虫的寿命一般只有一个月左右。

我好几次抓到铜绿丽金龟都是在大雨过后，我觉得它们一定非常喜欢雨水充沛的潮湿环境。

铜绿丽金龟的背甲是金龟子中比较大的，像一个扁扁的大铲子，有些金龟子的背甲很小，这可能和它们的生活习性和觅食方式有关。

铜绿丽金龟和其他金龟子一样具有很强的趋光性，我们在夏天总能看到围着吊灯嗡嗡乱撞的甲虫，多半就是金龟子。

全身黑棕色的大黑鳃金龟是比较常见的一种金龟子，它的样子和铜绿丽金龟很像，但是很好区分。

# 菜粉蝶与它的死对头绒茧蜂

时间：6月8日　　天气：晴　　地点：菜地

今天出门路过一片菜地，几只菜粉蝶在那里翩翩起舞，一些菜粉蝶幼虫正大口大口地吃着菜叶。在这片菜地里，不仅有菜粉蝶和它们的幼虫，还有一种叫绒茧蜂的昆虫正在慢慢靠近毫无防备的菜粉蝶幼虫。绒茧蜂属于寄生蜂，会把卵产在其他昆虫体内，等卵孵化以后，就会把它们寄生的昆虫吃掉，当作营养品。

嘿嘿！绒茧蜂就喜欢把卵生在菜粉蝶幼虫体内。假如菜粉蝶产下了几百颗卵，由于绒茧蜂的寄生卵的迫害，最后有三四只能够长大变成成虫就已经很不错了。

**档案信息**

中文名　菜粉蝶
拉丁名　*Pieris rapae*

门　节肢动物门
纲　昆虫纲
目　鳞翅目
科　粉蝶科
属　粉蝶属

**分布区域**

整个北温带，包括美洲北部到印度北部广泛分布

**虫子说**

我们是鳞翅目粉蝶科的一种昆虫，身体呈灰黑色，翅粉白色。我的幼虫是响当当的农业害虫——菜青虫。我破茧成蝶后最喜欢吸食花蜜和晒太阳。

菜粉蝶喜欢在阳光充足的正午活动，在有黄灿灿的油菜花的地方就一定能找到菜粉蝶。

趴在叶子上的绒茧蜂

绒茧蜂成虫的体长只有3毫米左右，周身深棕色，腿黄褐色。

绒茧蜂的寄生卵的成长期与菜粉蝶各代幼虫是同步的。

当绒茧蜂的卵产到菜青虫身体里的时候，菜青虫就成了一个傀儡，不仅沦为绒茧蜂幼虫的美味食物，还是绒茧蜂化蛹前的得力保镖。

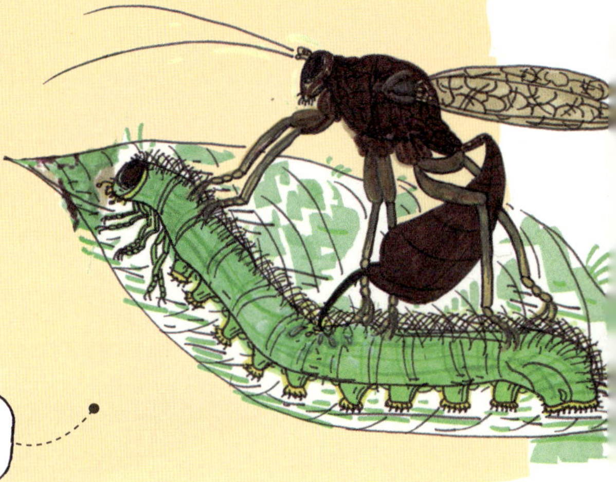

绒茧蜂正在将卵产在菜粉蝶幼虫的身体里，这条菜青虫大难临头了。

所有的蝴蝶都属于鳞翅目昆虫，菜粉蝶是鳞翅目昆虫的典型代表。当我们碰到它们的翅时，翅上细小的鳞片就会散落。

我们观察到不同菜粉蝶翅的颜色有明显差别，这是因为菜粉蝶成虫不仅有雌雄二型，还有季节二型。

雄虫翅背面的颜色较雌虫更浅一些，而且前翅的两个圆形黑斑仅前面一个较明显。

夏型的菜粉蝶比春型的颜色更鲜艳，黑斑更明显，春型的翅面黑斑小，甚至会消失不见。

菜粉蝶成虫体长12—20毫米，翅展能达到45—55毫米。幼虫体长30毫米左右，全身青绿色，密布细小绒毛。

菜粉蝶的卵像一个剥了皮的玉米，大概只有1毫米长。

菜粉蝶的幼虫很喜欢吃各种菜叶子，当它们羽化成蝶后就改了口味，喜欢各种花蜜，尤其是油菜花蜜。它们吸食花蜜时也帮油菜花传播了花粉。

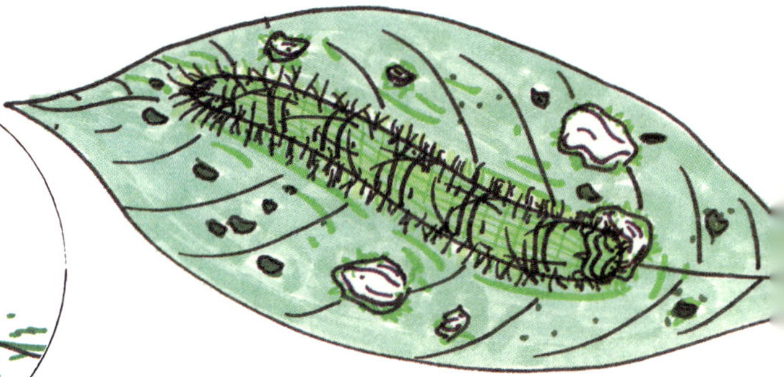

菜粉蝶翅的腹面比背面的颜色要更深、更暗淡一些。

# 残暴的金环胡蜂

时间：6月10日　　天气：晴　　地点：院子里

嗡嗡嗡，有什么东西从我耳边飞过，落到了前面的花朵上。我跑上前一看，原来是一只金环胡蜂。它嗡嗡嗡的声音好像总是在嚷嚷：“别惹我，我可是蜂界的恶霸。”确实，看着体型硕大的金环胡蜂，我也赶紧躲开了，因为它们可是世界上体型最大的胡蜂，由于颜色、花纹与老虎相似，所以俗名也叫虎头蜂。别看金环胡蜂这么厉害，体型比它们小很多倍的蜜蜂可是它们的克星。蜜蜂知道金环胡蜂有一个致命弱点，那就是不耐热。蜜蜂会成群地把金环胡蜂围在中间，不断扇动翅增加温度，把金环胡蜂活活热死。

**档案信息**

**中文名** 金环胡蜂
**拉丁名** *Vespa mandarinia*

**门** 节肢动物门
**纲** 昆虫纲
**目** 膜翅目
**科** 胡蜂科
**属** 胡蜂属

**分布区域**
东亚、东南亚及欧洲

**虫子说**

我们蜜蜂是不会轻易进攻的，我们的螫针只能攻击一次，因为我们蜜蜂的腹部肌肉不够发达，没有力气将刺入皮肤的螫针再拔出来，甚至部分内脏会连同螫针一起脱落，这样我们很快就会死亡。但是胡蜂进攻之后可以很轻松地收回螫针，而且胡蜂的毒性要比普通的蜜蜂强五至七倍。

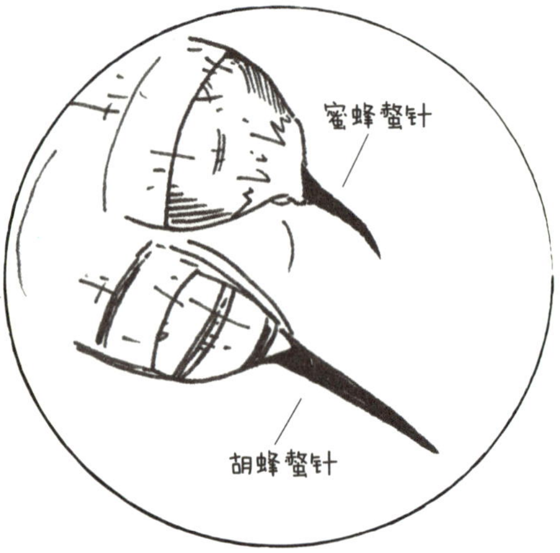


金环胡蜂虽然性情凶猛，但也喜欢吃甜食——花蜜和树汁。

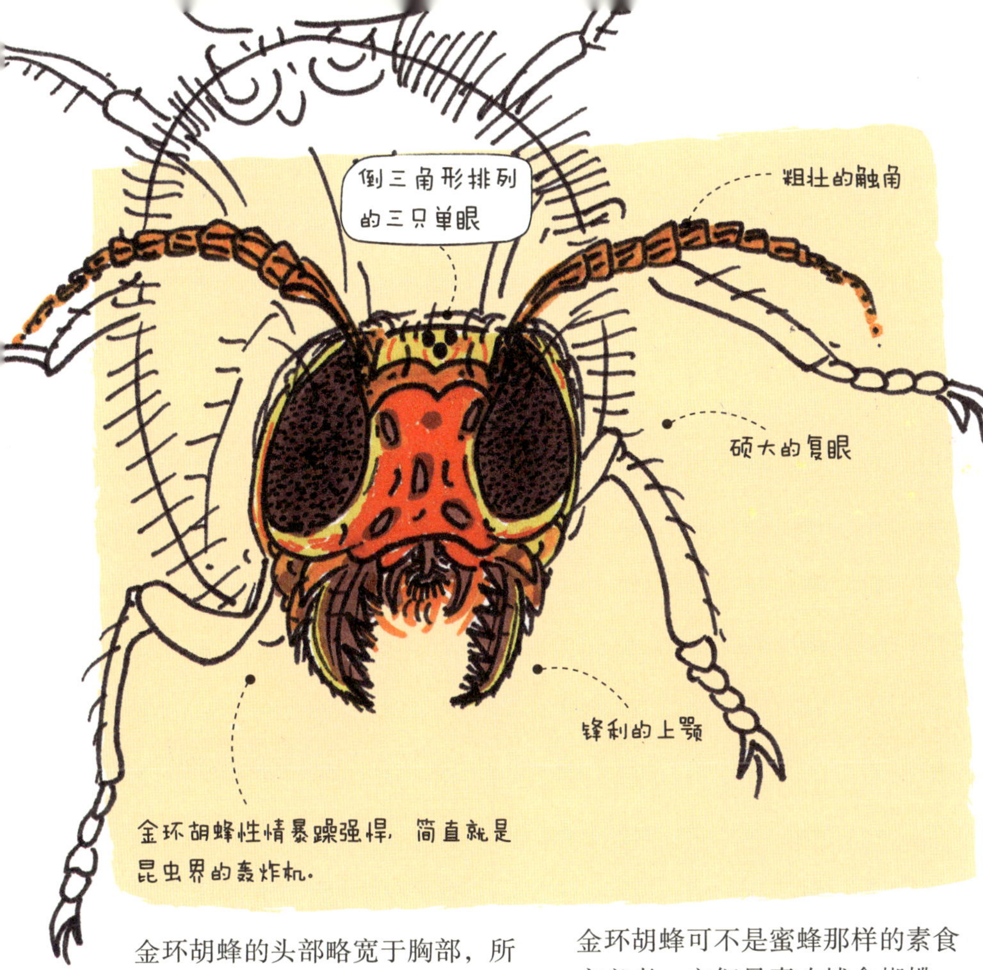


金环胡蜂的头部略宽于胸部，所以看起来像个大头娃娃，但胸部和腹部较长，所以整个身体显得硕大而苗条。

金环胡蜂可不是蜜蜂那样的素食主义者，它们最喜欢捕食蝴蝶、蛾子等昆虫的幼虫。当食物匮乏时，它们甚至会自相残杀。

金环胡蜂虽然身体硕大，但是它们行动灵活，飞行能力极佳，不仅有致命武器——螯针，大而锋利的上颚也让人望而生畏。

金环胡蜂是有名的毒蜂，它的螯针伸缩长度可达 5 毫米，并且可以反复使用。它有一个恐怖的绰号——杀人蜂。金环胡蜂团队协作能力极强，如果它们集体出击，足以杀死一头成年大象，所以我们还是不要招惹它们为好。

金环胡蜂虽是蜂类，但是它们不酿蜜，它们会攻击蜜蜂的蜂巢，不仅明目张胆地掠夺蜂蜜，甚至还会袭击蜂巢，造成蜜蜂大量死亡。

金环胡蜂雌蜂的个头最大可以达到 50 毫米，普通工蜂的个头也有 40 毫米左右，金环胡蜂是世界上最大的胡蜂。

金环胡蜂和蜜蜂一样属于高度社会性群居昆虫，整个蜂群由雌蜂、雄蜂和工蜂三种蜂类组成。

金环胡蜂工蜂和蜜蜂工蜂的体型对比

# 歌声清脆的鸣鸣蝉

时间：6月11日　　天气：晴　　地点：路边的槐树上

一说起夏天，大多数人想起来的可能是荷花、池塘，还有蝉。蝉就是我们所说的知了。每年一到夏天，不知道有多少只蝉会趴在树上唱着欢快的歌，有时候它的歌声很吵人。不过，如果没有蝉的聒噪，总感觉夏天缺点什么。

你可知道蝉的若虫一直生活在黑暗的地下吗？而且蝉的若虫会在地下待上五年多，最后从土里爬出来，变成很多人所说的知了猴。慢慢地，它会完成羽化，变成会唱歌的知了。知了的口器很特别，就像一根长长的吸管。知了会把长长的口器扎入树干里，吸食里面的汁液。

**档案信息**

中文名 鸣鸣蝉
拉丁名
*Oncotympana maculaticolli*

门 节肢动物门
纲 昆虫纲
目 半翅目
科 蝉科
属 蚱蟟属

分布区域
温带至热带地区均有分布

**虫子说**

我们鸣鸣蝉可是夏天的大明星，也是昆虫界的老寿星。不过我们一生中很长一段时间是待在地下的，有时两三年，有时五六年，甚至更长时间。当我们钻出泥土爬上树后，生命就只剩一个月左右了。

鸣鸣蝉的若虫会在土里待好几年，等时机成熟了就会从土里钻出来爬上树，若虫和成虫长得很像，就是若虫翅很小，只有一个小翅芽。

经过一段时间，蝉的若虫开始蜕皮。它会从背部裂开一条缝，挣扎着从旧皮囊中爬出来。

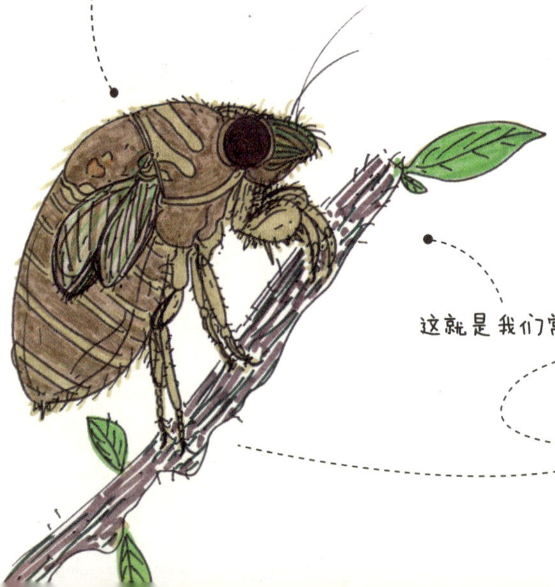

这就是我们常说的"知了猴"。

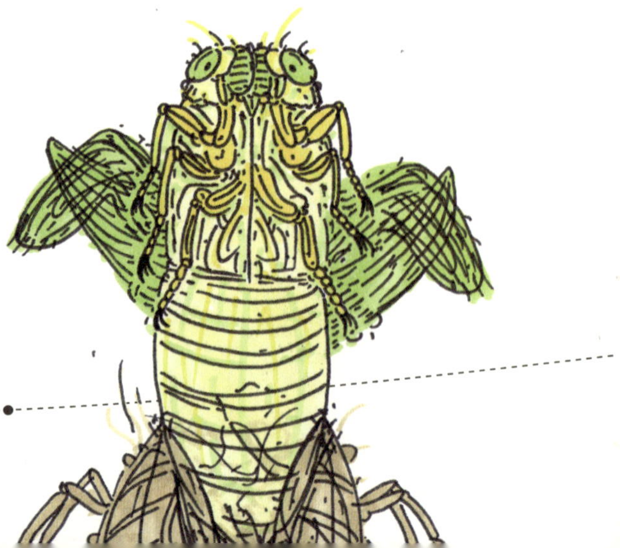

## 其他种类的蝉

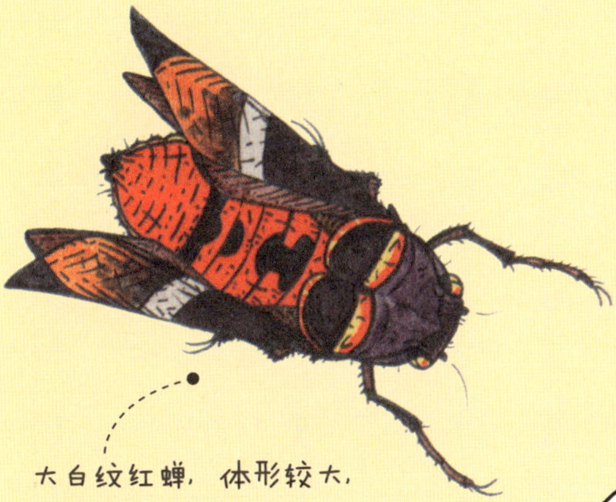

大白纹红蝉，体形较大，拥有漂亮的颜色和花纹。

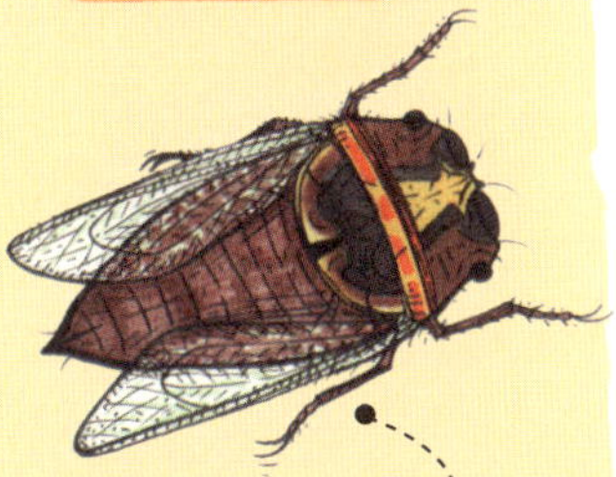

地中海蝉，鸣声洪亮。

黑蚱蝉像个黑脸李逵，不但体色黝黑而且身形壮大，尤其是胸背和头部宽大而高凸，看起来身体比例很不协调，两只复眼大而突出，炯炯有神。

蒙古寒蝉的个头中等，全身绿色并且有黑色斑纹，雌虫有明显突出于腹部末端的产卵器。

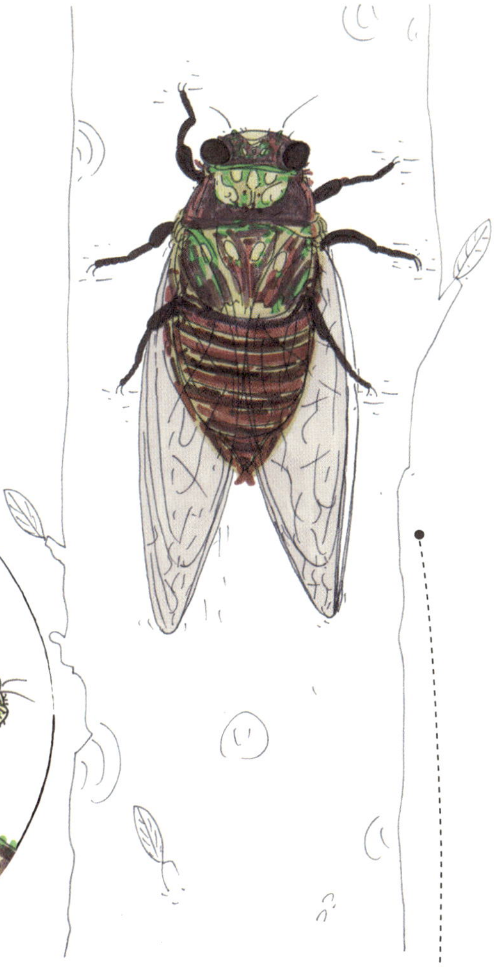

鸣鸣蝉和其他种类的蝉相比算是大块头，这也许是它的歌声更清脆洪亮的原因吧。

头顶两侧那双大而有神的眼睛是蝉的复眼，蝉还有三只单眼以三角状分布在头顶中间，所以蝉的视力非常好。

鸣鸣蝉的成虫体色为暗棕绿色，体形非常粗壮，背甲上有明显的“W”状凹纹。那对透明的翅格外大而长，像极了披着一件长披风的歌唱家。

蝉是通过腹部的鼓膜振动鸣叫的。蝉都是“男高音”，因为雌蝉不会鸣叫。雄蝉的叫声在我们听起来很聒噪，但是在雌蝉听来却是美妙动听的。

刚完成蜕皮的鸣鸣蝉成虫体色是黄白色，翅也没有完全干透，几个小时后，它就逐渐变成暗绿色了。

# 花间“小仙子”——灰蝶

时间：6月20日　　天气：晴　　地点：家附近的公园

吃完晚饭，我和爸爸妈妈决定去附近的公园采桑葚（shèn）。这个街心公园不大，但是有几棵非常高大的桑树，所以我们喜欢把它叫作“桑葚园”。

从家走到桑葚园也就十分钟。到了之后，爸爸妈妈就开始采桑葚，有红桑葚和白桑葚。我们还有了新发现——一棵树莓。我个子还不够高，连最下面的果实都够不着，哎，我还是找找草丛里有什么虫子吧。当时已经是傍晚，我发现了几只小蝴蝶的身影——灰蝶，别看它们很小，却是一种非常美丽的小精灵，好似花间小仙子。一只灰蝶落在了蒲公英上，我仔细观察了一会儿，它的翅背面是蓝紫色，还有一个明显的黑边，翅腹面的颜色虽然没有背面那么绚丽，但是在灰白色的底上有黑色的斑点，显得格外美丽。

今天的收获可真多啊，一大袋子桑葚和一些树莓。我尝了一颗桑葚，真甜啊！

**档案信息**

**中文名** 灰蝶
**拉丁名** Lycaenidae

**门** 节肢动物门
**纲** 昆虫纲
**目** 鳞翅目
**科** 灰蝶科

**分布区域**
除南极洲外全球广泛分布

**虫子说**

别看我们灰蝶的个头不大，我们可是蝴蝶中物种多样性最高的一类，种群数量占整个蝴蝶家族的40%左右。我们的分布有很强的地域性，而且对环境变化反应灵敏。

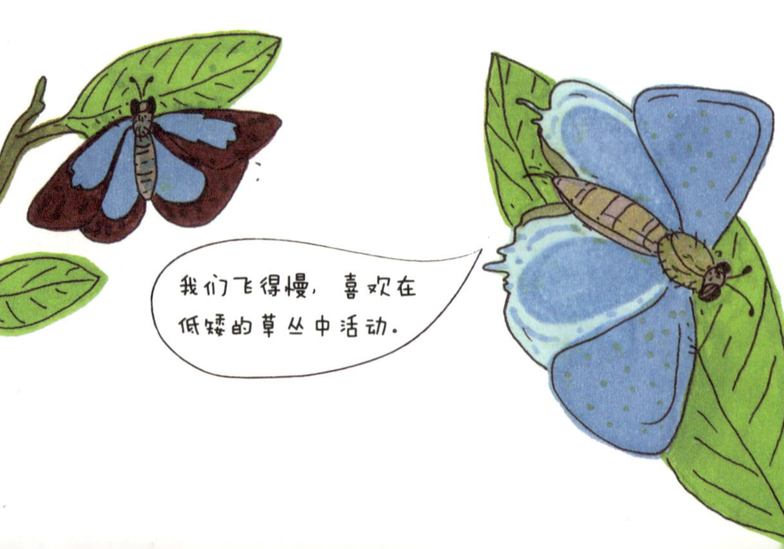

大部分的灰蝶都是小型蝶，极个别为中型，翅展最大不超过 30 毫米。灰蝶种类多样，颜色丰富，几乎遍布世界各地。

由于大部分的灰蝶翅腹面为灰白色，所以这一类蝴蝶得名灰蝶。

灰蝶是所有蝴蝶中体型最小的一类，其胸部、腹部覆盖细小绒毛，头小，复眼发达，触角多为锤状并且黑白相间，非常引人注目，虹吸式口器非常适合吸食花蜜、树汁和果浆。

灰蝶是一种典型的喜阳昆虫，它们最爱在阳光灿烂的正午时分飞舞在花丛树冠之间。

和一些中大型蝶类相比，灰蝶的飞行能力稍显逊色。其飞行速度不快且持续飞行时间不长，喜欢在花朵、叶片上停歇。

有些灰蝶的后翅尾部的尾突形成丝带状，停留时上下摆动，伪装成头部，以此来迷惑捕食者。

灰蝶的幼虫长得很像蛞蝓，呈扁平状或圆筒状，两头尖中间鼓，周身有稀疏或致密的刺毛。

大部分的灰蝶幼虫都和蚂蚁形成互利共生的关系，灰蝶幼虫会分泌一种蚂蚁非常喜欢吃的液体，而蚂蚁会将收获的食物喂食给灰蝶幼虫。

大部分的灰蝶都是雌雄异体异色，雄蝶体型稍大于雌蝶，而且雄蝶双翅背面通常有比较鲜艳的颜色和花纹，翅腹面多为银灰色，雌蝶翅背面颜色较暗淡。

娜生灰蝶雄蝶背面

娜生灰蝶雄蝶腹面

娜生灰蝶雄蝶翅背面有斑纹，翅腹面呈灰白色，尾臀处有一个橙色包围的眼斑，臀叶为灰黑色。

普蓝眼灰蝶雄蝶背面

普蓝眼灰蝶雄蝶腹面

普蓝眼灰蝶雄蝶翅背面为蓝紫色，有金属光泽，腹面呈灰棕色，翅边缘有橘色斑点，雌蝶翅背面颜色为灰棕色。

尖翅银灰蝶雄蝶背面

尖翅银灰蝶雄蝶腹面

尖翅银灰蝶雄蝶翅背面为红棕色，翅腹面为银灰色，在中国南部较常见，喜欢栖息于中低海拔的常绿阔叶林中。

# 靓丽的"踢踏舞者"——紫茎甲

时间：6月21日　　天气：晴　　地点：学校操场

今天我在学校操场边一棵树的树干上发现了一只很可爱的小甲虫，它叫作蛙腿金花虫，也称紫茎甲。这种金花虫不但好看，而且小巧玲珑。紫茎甲的身体颜色大部分是紫色的，还有一些是蓝色的或绿色的。它最有特色的还是后面的两条腿，如同青蛙的大腿一样，又粗又长，而前面那四条腿明显要纤细得多。

这只蛙腿金花虫身体细长，颜色也很好看，我非常喜欢，所以打算把它带回家养起来。

好多人会认为蛙腿金花虫是昆虫界的跳跃高手吧？因为它们长有强壮有力的后腿。但实际上，它们根本就没有跳跃能力。

**档案信息**

**中文名** 紫茎甲
**拉丁名** *Sagra femorata*

**门** 节肢动物门
**纲** 昆虫纲
**目** 鞘翅目
**科** 负泥虫科
**属** 茎甲属

**分布区域**
中国长江以南地区及越南等地

**虫子说**

目前全世界茎甲属昆虫大约只有20种，在为数不多的茎甲属昆虫中，我们紫茎甲绝对是首屈一指的优秀代言人。

这只紫茎甲大约有24毫米长，后腿粗壮有力，腹部下面有一片浓密的绒毛，这是一只雄虫。

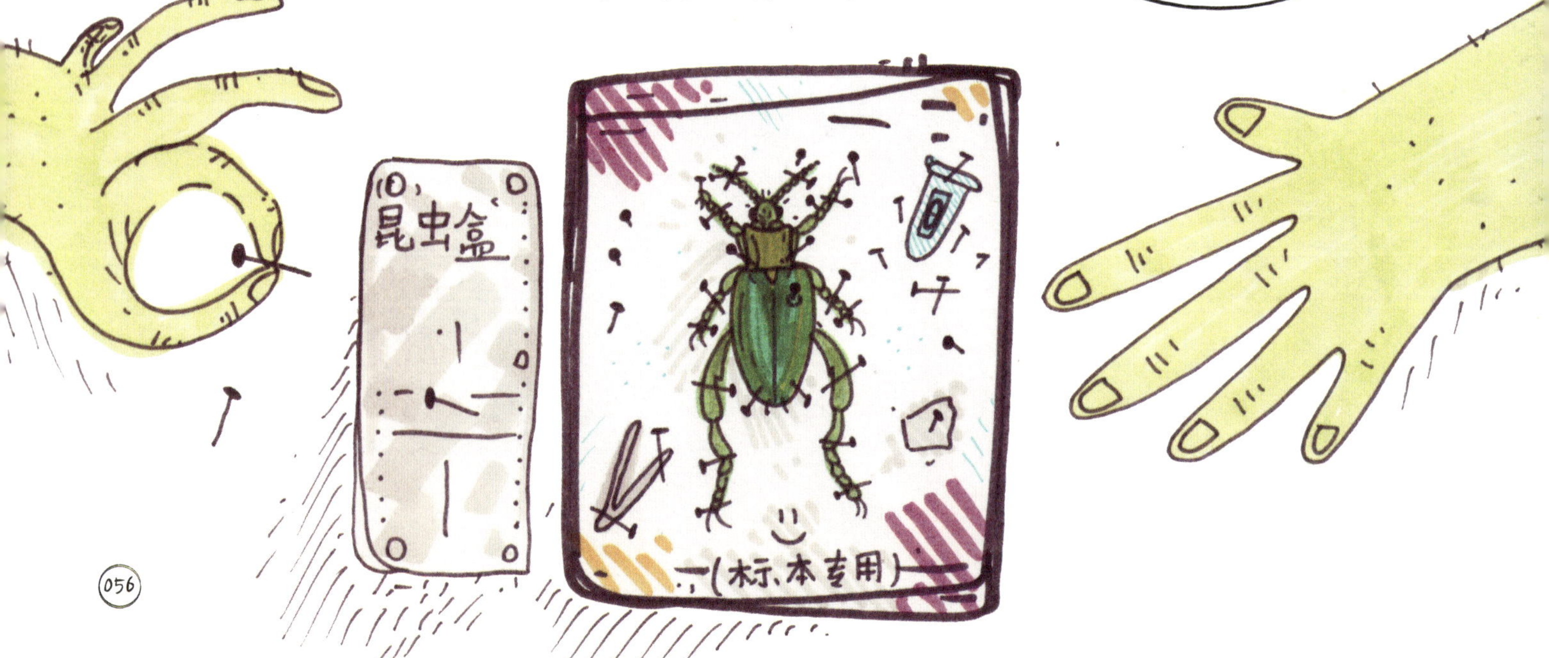

紫茎甲应该算是茎甲属昆虫的属代表，具有茎甲属昆虫的典型体形，头部小，长于胸甲外，胸甲狭长，腹甲呈现前宽后窄的盾形，形成明显的肩部。紫茎甲的另一个特点就是它们的腿非常粗壮，尤其是后腿，更粗、更长。

紫茎甲后腿又粗又长，雄虫更加明显，就像是青蛙的后腿，所以紫茎甲也被称为蛙腿金花虫。

紫茎甲的大长腿不光是它与众不同的颜值担当，也是它唯一的防御性武器。

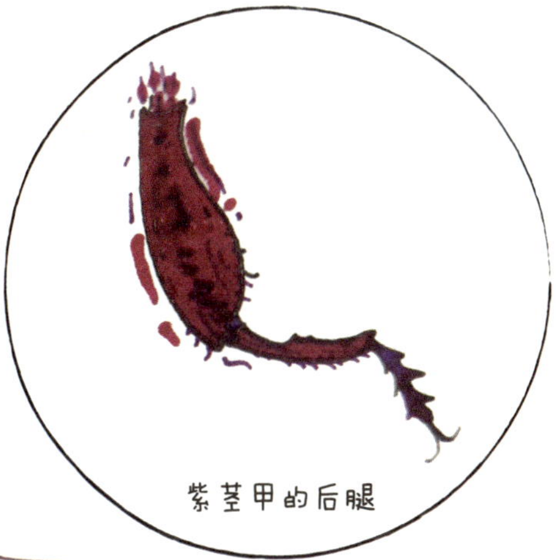
紫茎甲的后腿

紫茎甲的背面

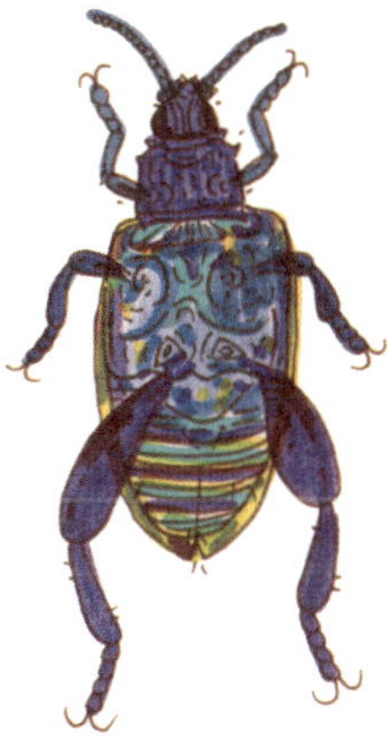
紫茎甲的腹面

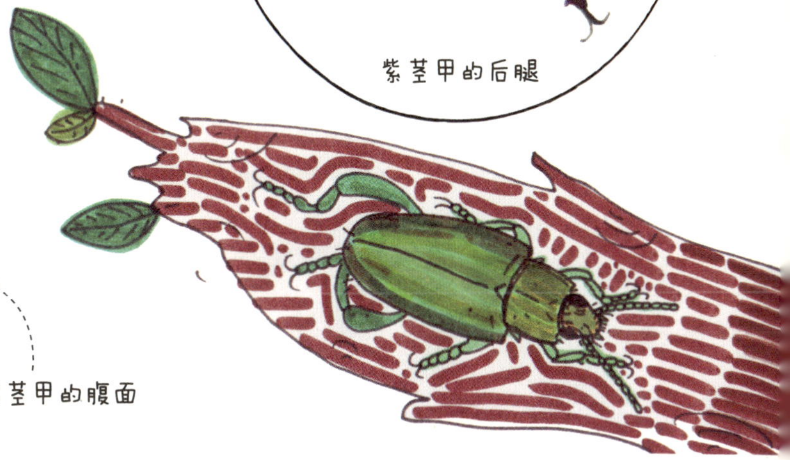

紫茎甲成虫属于中大型甲虫，体长 25 毫米左右，雄虫比雌虫明显大一些。它们身体的颜色有紫色、蓝色、绿色、黄色等，以紫色居多，这就是它叫作紫茎甲的原因吧。

它们整个身体不仅色彩多样，还散发着耀眼的金属光泽，像极了五颜六色、灿烂夺目的宝石。

被抓住的紫茎甲会有规律地、持续地弹踢它的后腿来挣脱束缚，就好像在跳踢踏舞。

和大部分其他茎甲一样，紫茎甲也是“装死达人”，如果遇到危险，第一时间就滚落在地，将装死进行到底。

一旦装死效果不佳，紫茎甲就会释放出一种很难闻的气味，并会把两条后腿高高举起，几乎和身体呈直角，以此来吓唬敌人。

紫茎甲的幼虫和成虫都吃素，最喜欢吃豆科类植物。

紫茎甲雌虫和雄虫除了在体型大小上很容易区分外，雄虫还有一个明显的特征就是在腹部中下方有一块浓密的绒毛。雄虫腹部的绒毛在交配时可以起到安抚雌虫的作用。

# 像幽灵一样的鬼脸天蛾

时间：6月23日　　天气：晴　　地点：放学的路上

今天我发现了一只蛾子，个头不算大，当我把它抓住后才发现原来是一只鬼脸天蛾。

鬼脸天蛾身体呈灰棕色，还有一些黑色的花纹，胸部背面上有一个看似人脸的图案，这也就是为什么人们把它叫作鬼脸天蛾。鬼脸天蛾是蜜蜂们的死对头，它们经常去攻击蜜蜂的巢，夺走蜜蜂的食物，是蜂农最讨厌的东西之一了。

**档案信息**

**中文名** 鬼脸天蛾
**拉丁名**
*Acherontia lachesis*

**门** 节肢动物门
**纲** 昆虫纲
**目** 鳞翅目
**科** 天蛾科
**属** 鬼脸天蛾属

**分布区域**
东亚、南亚广泛分布

**虫子说**

我们鬼脸天蛾虽然身形较大，翅也比较宽阔，但实际上我们的飞行能力比起蝴蝶来说逊色多了，所以常常会躲在植物叶子的背面。

鬼脸天蛾成虫最喜欢吸食花蜜，但是它们自己却不去采食，而是摩擦腹部发出噪音，扰乱蜂巢秩序，就能轻而易举地潜入蜂巢，偷食蜂蜜。

鬼脸天蛾的幼虫多寄生在茄科、豆科和紫薇科的植物上，啃食这些植物的嫩叶和花蕾，当它们快要化蛹时会从枝干上爬到地面进行化蛹。

啃食嫩叶的鬼脸天蛾幼虫

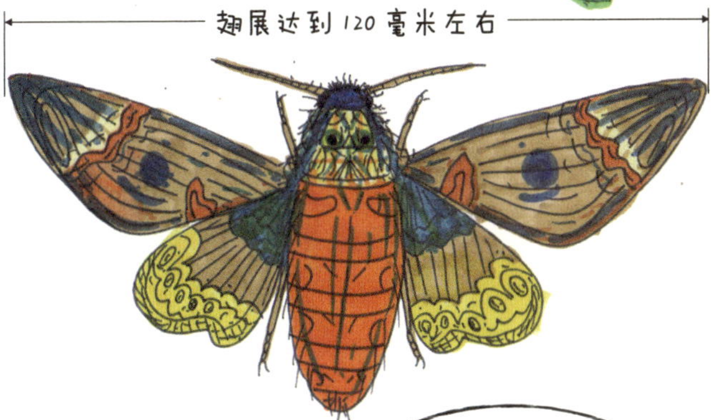


鬼脸天蛾是典型的夜猫子，白天静悄悄地趴伏在与身体颜色近似的枝干上一动不动，一到晚上它们就异常活跃，像深夜里的幽灵。

第一眼看到鬼脸天蛾，最吸引你的一定是它胸部背板上看似人脸的花纹。有些人脸的图案非常清晰，就像一个骷髅头，乍一看还挺吓人。

鬼脸天蛾身体庞大，绝对是鳞翅目昆虫中的大胖子。雌雄差异不明显，雌虫比雄虫略大、略胖一些。

鬼脸天蛾翅展能达到120毫米左右，而且它背部及翅上有鲜艳的黄色、蓝色和红色斑纹，看起来非常美丽。

这个“深夜幽灵”有很强的趋光性，在夜间一旦发现光源，它们就奋不顾身地扑过去。哪怕是“飞蛾扑火”也在所不辞。

鬼脸天蛾从头到尾都覆盖着细密的绒毛，尤其是胸部连接翅处的绒毛又密又长，就像穿了一件保暖的毛衣。

很多人因为鬼脸天蛾有“鬼脸”而觉得它是不祥之物，其实它背部的骷髅图案是一种自然警戒色，在一定程度上可以吓唬诸如鸟类的捕食者。

当鬼脸天蛾的飞行受到干扰或是遇到危险时，它们会在地上蹦蹦跳跳转圈圈，并且发出尖利的叫声。这叫声还真是从它的嘴里发出的。它咽部肌肉收缩时会产生气流，当气流达到咽底时，受到内唇的阻碍，内唇振动导致气流波动，发出犹如人吹哨的声音。

鲜艳的警戒色和危险的骷髅图案好像一直在说“不要靠近我，我很危险的”。

# 花丛中的“贵族”——金凤蝶

时间：6月24日　　天气：晴　　地点：公园

今天我捡到一个蝴蝶蛹，我仔细观察了一下，这只蛹是金凤蝶的蛹，已经呈半透明状，应该马上就要羽化了，我能透过蛹的外壳隐隐约约看到它的翅，那里已经呈现鲜艳的金黄色了。于是，我赶紧把它拿回了家，放在了花叶上。

第二天，它就从蛹里爬了出来。因为刚刚羽化，它的翅还是湿的，无法展开。我觉得过一段时间它的翅会干透、展开，就可以飞行了。可是我等了好久，也没看到它飞起来，仔细观察才发现这只金凤蝶的翅在羽化的时候受了伤，再也无法飞行了。它安静地停在叶子上，就像身穿金色礼服的贵妇一样端庄典雅。

**档案信息**

**中文名** 金凤蝶
**拉丁名** *Papilio machaon*

**门** 节肢动物门
**纲** 昆虫纲
**目** 鳞翅目
**科** 凤蝶科
**属** 凤蝶属

**分布区域**
亚洲、欧洲、北美洲广泛分布

**虫子说**

我们的幼虫最爱吃茴香的嫩叶和花蕾，所以有茴香虫的称号。茴香虫还是中药呢，具有理气、止痛的功效。

金凤蝶的雄蝶色泽比雌蝶更鲜艳，体态更苗条一些。

这只可怜的金凤蝶虽然无法飞行，但是我还是把它养在了昆虫盒中。

金凤蝶的翅展普遍可以达到 100 毫米左右，最大的可以达到 120 毫米，应该算是中型蝴蝶。它全身黄黑相间，后翅中部有明显的蓝斑，内侧则各有一个红色圆斑。最有特色的是它下翅末端有一对像凤凰尾巴一样的尾突，更加彰显它曼妙的身姿。

晴空万里，艳阳高照，无论在城市的花园还是郊外的田野都能发现金凤蝶的身影。

完美的体形、优雅的身姿，鲜艳的色泽，这让金凤蝶成为凤蝶科当之无愧的科代表。

金凤蝶翅腹面的花纹和背面基本相同，但颜色要更浅一些，色泽也没有背面鲜艳。

金凤蝶比较机警，从不长时间安静地停留在一个地方，它总是像精灵一样不停地飞舞着。

# “铁齿铜牙”的中华大扁锹

时间：6月27日　　天气：大雨　　地点：院子里

今天外面下了很大的雨，我在想，这雨下得这么大，外面一定会有很多受伤的虫子吧！一会儿等雨停了，一定要去外面看看。

我在家里等了好久，终于等到雨停了，我立刻跑到院子里去。不知道从哪儿发出了嗡嗡嗡的声音。我四处寻找这声音的来源，哎呀！原来是一只六脚朝天的大家伙在草丛中不停地原地打转。我走近一看，竟是一只中华大扁锹。我把它拿起来装到一个小盒子里。它全身黑棕色，背甲上有凹凸不平的竖形条纹，最引人注目的是它头上那对又长又硬的大钳子。这只大扁锹在盒子里一动不动，可能是因为它刚被大雨淋过吧。我想它的翅很快就干透了，也就有力气飞了，那时我就可以把它放飞了。

**虫子说**

我们这一对大钳子是用来打架的，就像独角仙一样，不过并不是用来撞击对方，而是把对方举起来，然后重重地摔到地上。

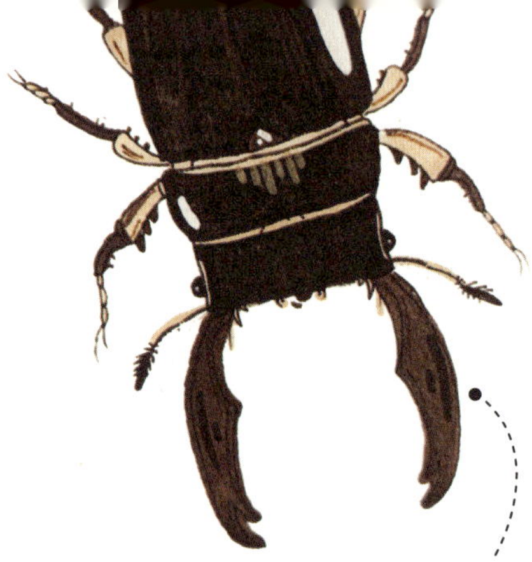

这个巨大的“牙齿”其实是锹甲的上颚。

**档案信息**

**中文名** 中华大扁锹

**拉丁名** *Dorcus titanus platymelus*

**门** 节肢动物门

**纲** 昆虫纲

**目** 鞘翅目

**科** 锹甲科

**属** 扁锹属

**分布区域**

中国大部分地区、朝鲜、韩国

大多数锹甲的两性成虫有不同的样貌，区别就在于它们发达的上颚，只有大个头的雄性锹甲才有像鹿角一样的“大牙”。

中华大扁锹的“大牙”和其他锹甲一样不是用来咀嚼食物的，其主要用途是当作武器对抗天敌以及争夺食物和地盘。雌性锹甲还会依靠这双“大牙”在腐木中挖掘洞穴产卵。

中华大扁锹雄虫体长27—94毫米，雌虫体长25—41毫米。

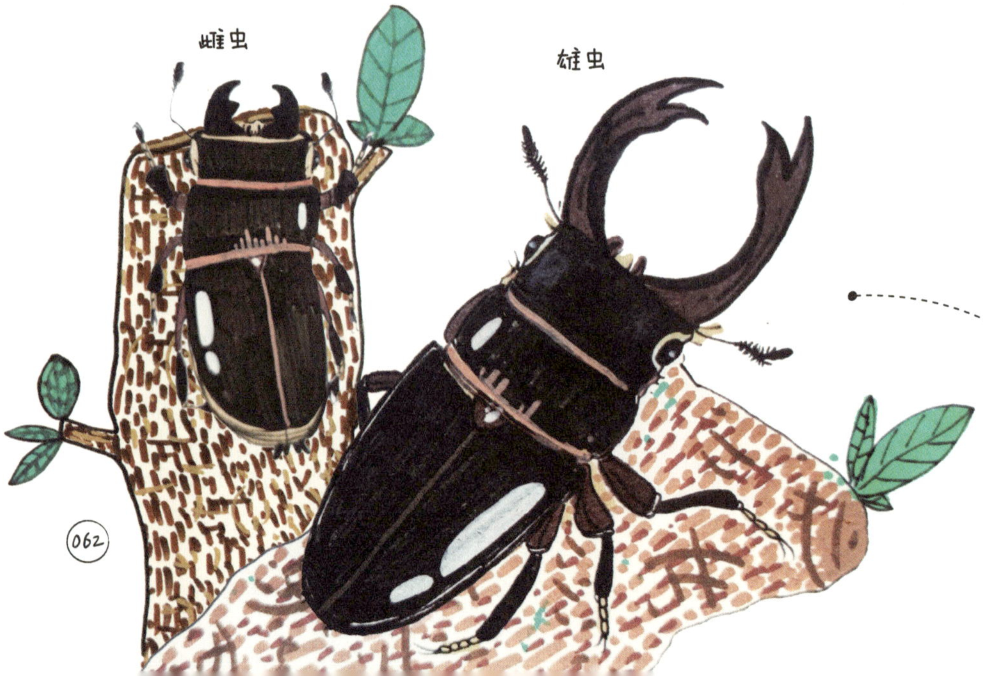


一身钢盔铁甲，一副铁齿铜牙，真可谓是“武装到了牙齿”。

目前全世界约有1300种锹甲，中国是锹甲科分布种类最多的国家，超过250种

黄金鹿角锹甲

彩虹锹甲

头盾发达，并且有一个叉状的额角，这是巨叉深山锹甲区别于其他锹甲的最大特点。

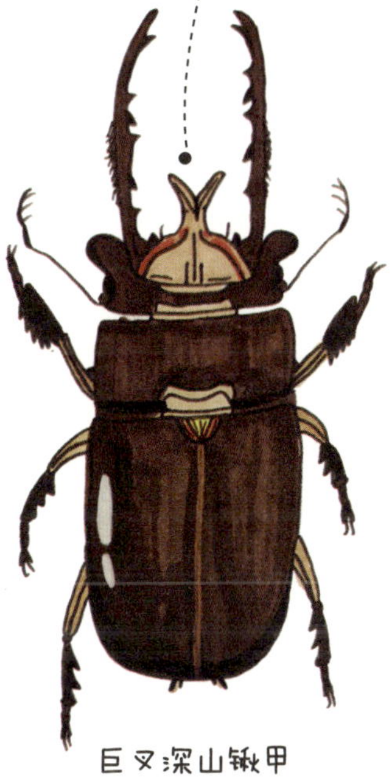

巨叉深山锹甲

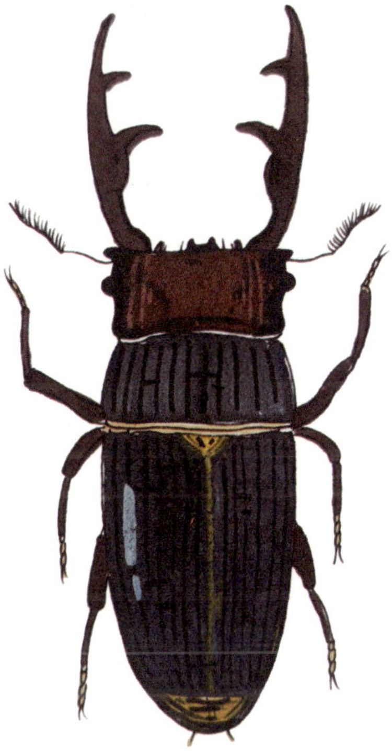

长颈鹿锯锹甲

黄金鹿角锹甲在种类繁多的锹甲家族中算是最有鹿角甲虫范儿的了，巨大而弯曲的上颚宛如雄鹿的双角。

集美丽与高贵于一身的彩虹锹甲是世界上最好辨认的昆虫之一。彩虹锹甲是澳大利亚和巴布亚新几内亚特有的品种，泛着金属光泽的彩虹色背甲使其当之无愧成为最美丽的锹甲。

卡氏深山锹甲属于中小型锹甲，最大体长也不超过50毫米，别看它身体小，头盾（头部侧棱）可异常宽大。

巨叉深山锹甲常见于中国南方地区，是中国为数不多的大型锹甲之一，最大的体长能达到90毫米左右。

四川斑锹是体型最小的锹甲之一，成虫体长仅有5毫米多，从外表看，与其说是锹甲，其实更像皮蠹。

生活在印度尼西亚的长颈鹿锯锹甲是锹甲中个头最大的，平均体长可以达到120毫米。

四川斑锹没有发达的上颚和强壮的身体，但是的确是锹甲。

像脑袋上戴了一个“大礼帽”的卡氏深山锹是中国特有的品种。

我是欧洲深山锹甲雄虫。

我是欧洲深山锹甲雌虫。

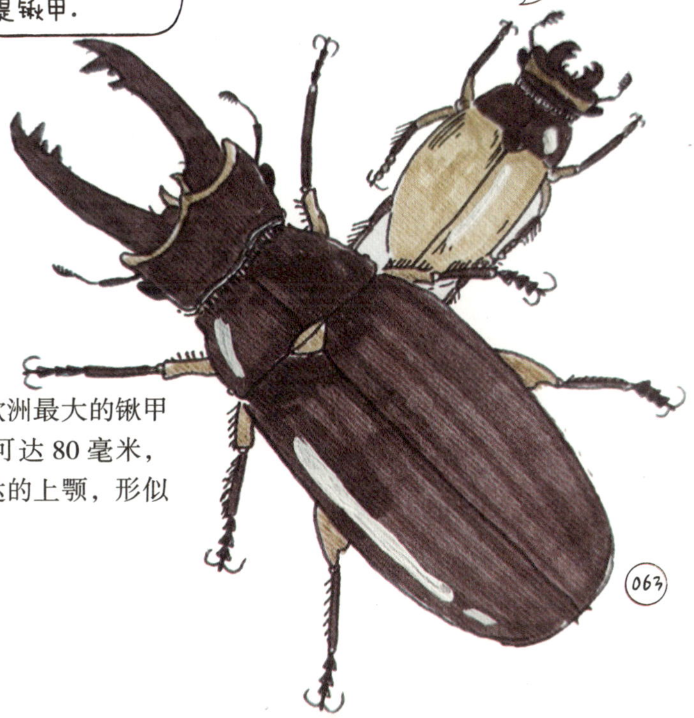

欧洲深山锹甲是欧洲最大的锹甲之一，雄虫体长可达80毫米，标志性特征是发达的上颚，形似鹿角。

# 受伤的小黄鳃金龟

时间：6月30日　　天气：多云　　地点：路边

早上起来，我发现昨天夜里下了一场很大的雨。我心里想这场大雨一定给不少虫子带来了灭顶之灾，所以在外出的路上一直留意有没有被大雨打落的虫子。果不其然，我在路中间发现了一只黄褐色的甲虫，四仰八叉地躺在那里，我走近一看，是一只小黄鳃金龟，六条腿不停地在晃动，试图翻过身来。可惜它所做的一切都是徒劳，如果没人帮它一把，再这么下去，它只能是死路一条。

我决定把这只可怜虫带回家。到家后才发现，它的伤情远比我认为的严重，它的两只足的末端胫节都断掉了，鞘翅也有一些损伤。我赶快准备好饲养盒，里面放了沙子和土，还有一些树枝和石块，暂时先把它安置在这个避难所里。我喂了它一些甲虫果冻，它迫不及待地吃了起来，看来是饿坏了。

祝愿它快点康复，好能重新回到大自然中。

**档案信息**

**中文名** 小黄鳃金龟

**拉丁名**

*Melubohusju veseensbrenske*

**门** 节肢动物门

**纲** 昆虫纲

**目** 鞘翅目

**科** 鳃金龟科

**属** 鳃金龟属

**分布区域**

东亚、东南亚广泛分布

**虫子说**

我的名字叫作小黄鳃金龟，多么普通的名字啊！的确，我在中国很常见，就像我的名字一样平平无奇，大江南北都能找到我的踪迹。

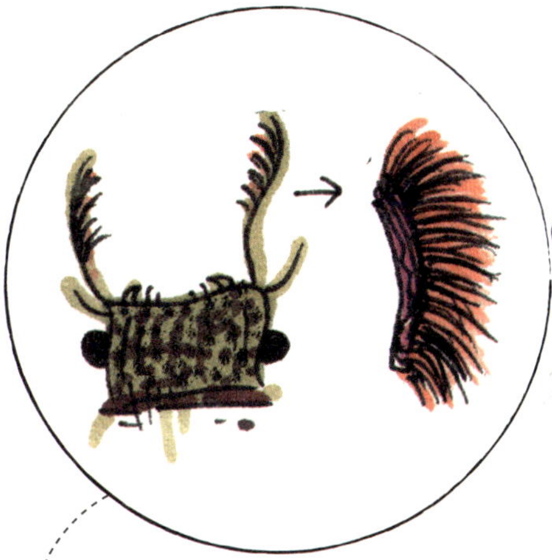

鱼鳃状的触角是所有鳃金龟属昆虫的典型特征。

小黄鳃金龟体长 12 毫米左右，胸甲、背甲和足部都为黄褐色，鞘翅表面有密集的竖形刻线，全身布满细密的短绒毛，头部黑褐色，复眼黑色，触角像一把鱼鳃状的刷子。

大部分的鳃金龟颜色暗淡，样貌也不出众。小黄鳃金龟凭借一身黄金甲也算是鹤立鸡群，能称得上鳃金龟的颜值担当。

小黄鳃金龟喜欢温暖干燥的环境，它们昼伏夜出，白天大部分时间会躲藏在泥土里，傍晚时分出来活动觅食。

别看小黄鳃金龟个头不大，它对植物的破坏力却不小，咀嚼式口器啃食嫩叶的速度非常快。由于它们可以钻入土中，所以对植物的根部也有一定的破坏力。

小黄鳃金龟会成群结队地聚集在一起，栖息在乔木和灌木的叶子上。在低矮的草坪中经常能找到它们的身影。

小黄鳃金龟的鞘翅比较柔软，而且没有将腹部完全覆盖，腹部侧缘和末端有一小部分裸露在外，就像是穿着一件不合身的小衣服，露着一个大肚皮。

小黄鳃金龟喜欢栖息在土层中，雌虫还需要钻入更深的土中产卵，因此小黄鳃金龟具有较强的挖掘能力，其前足胫节部分有形成挖掘足的迹象。

它的第二胫节比较粗壮，并且在外侧缘有宽阔的齿突，就像一把有力的大铲子。

# 绝地翻身的“杂技演员”——叩甲

时间：7月2日　　天气：晴　　地点：楼道台阶上

今天我在楼道台阶上发现了一只叩甲，这只叩甲小小的、黑黑的，胸甲却很大。我把它捏在手里，它一直不停地点头，就像对我磕头一样，好像在不停地求饶——“求求你，放了我吧。”我看它可怜，于是观察了一会儿，就把它放到了小区公共草坪里。我一松手，明明已经掉在地上的叩甲，又像一个弹簧似的从草地上跳到了半空，再次落地后才慢慢地爬走了。

叩甲为什么会跳呢？它有像兔子一样的腿吗？不，其实叩甲会收缩身体里的肌肉，储存弹力，然后触发胸部关节，就可以使自己从地面弹起来。这样可以帮助它更好地逃脱敌人的袭击，也能让叩甲仰面平躺时更快地将自己翻过身来。真是个聪明的家伙。

我在希腊还抓到过一种黄色的叩甲，身上有白色的小绒毛。在中国，最大的叩甲是巨四叶叩甲。你见到过叩甲吗？是什么样子的呢？

**档案信息**

中文名 叩甲
拉丁名 Elateridae

门 节肢动物门
纲 昆虫纲
目 鞘翅目
科 叩甲科

分布区域
除南极洲外全球广泛分布

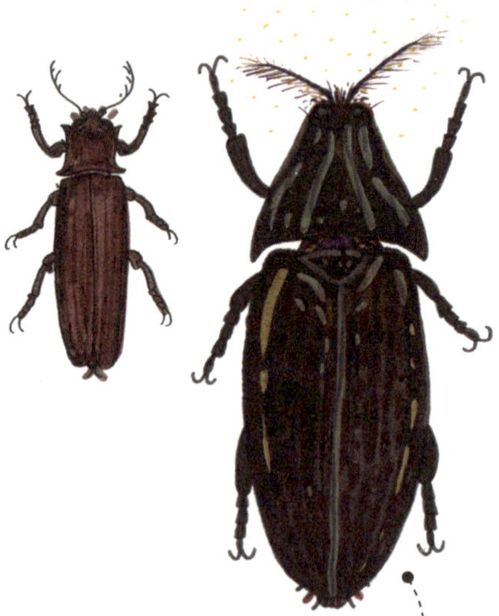

巨四叶叩甲的体长能达到45毫米。

**虫子说**

我们叩甲在全世界有10000多种，在中国有700多种，我们被亲切地称作叩头虫，我们还有一个特别的本领——仰面弹跳翻身。

叩甲都拥有狭长的身体，从小型到大型，体长差别较大。头部小，深嵌在前胸背板内，胸甲宽阔，几乎和背甲等宽，胸甲侧缘下方有不同形状的齿突，鞘翅修长，鞘翅两边侧缘基本平行，前后两端钝圆，将整个腹部覆盖得非常严实。

叩甲的胸甲和腹甲之间连接不紧密，中间有一道缝隙，前胸腹板有半圆形叶片向前突出，腹部有一尖锐的楔形刺突，插入中胸腹板的凹窝中，形成一个可以叩头和弹跳的关节。

叩甲身形壮硕，六条腿虽然比较短，但是非常灵活自如，爬行速度快，善于在各种地形及树枝间穿行。叩甲内翅较大，也善飞行。

叩甲的颜色多种多样，有的灰头土脸、暗淡无光，有的却色彩鲜艳、熠熠生辉，有的鞘翅粗糙且布满绒毛，有的平整光滑并泛着耀眼的金属光泽。

体色灰暗的叩甲体表一般都会覆盖密实的细毛或鳞片状毛，而颜色鲜亮的叩甲体表则非常光滑。

无论身体大小、颜色如何，叩甲的身形看上去都像一颗巨大的葵花子。

当遇到危险时，叩甲先会仰卧装死，等危险远离后，它们就会弯曲胸部的关节，利用像拨片一样的楔形刺突，突然发力将自己弹起来，这样就可以让身体翻过来。

叩甲成虫喜欢甜食，树木汁液和腐烂的水果是它们的最爱。

叩甲的幼虫身体细长呈圆柱状，尾部造型和头部极为相似，具有相同的棕红色，要不是通过观察靠近头部的六条小短腿，很容易分不清头尾。

# 以稻米为食的米象甲

时间：7月7日　　　　天气：晴　　　　地点：家中

晚上，妈妈在厨房做饭的时候突然一声大喊——“有虫子”。我一听，放下笔就跑进厨房。我往米袋里一看——哎呀，这不是米象甲嘛。这些家伙小小的，像一颗颗小芝麻。它们头上有一个小角，就像独角仙的角一样，不过它们的角并不是什么凶器，而是它们的嘴。

虽然米象甲比米粒还要小很多，但是它们的防御能力极高，很少有捕食者能击穿它们的外壳。我发现这些小东西还会装死，我一碰它们，它们就六腿一蹬，一动不动地躺在那里，没过一会儿，立马就活了过来。

“咦？米袋密封得严丝合缝，米象甲是怎么爬进来的呢？”妈妈还在纳闷呢。哈哈！其实稻谷还在土地里生长的时候，米象甲就把卵塞进了米粒里，加工后的米粒并不能完全把米象甲的卵清除干净，当温度和湿度达到一定程度时，它们就孵化出来了。

**档案信息**

**中文名** 米象甲
**拉丁名**
*Sitophilus oryzae*

**门** 节肢动物门
**纲** 昆虫纲
**目** 鞘翅目
**科** 象虫科
**属** 米象属

**分布区域**
热带和亚热带广泛分布

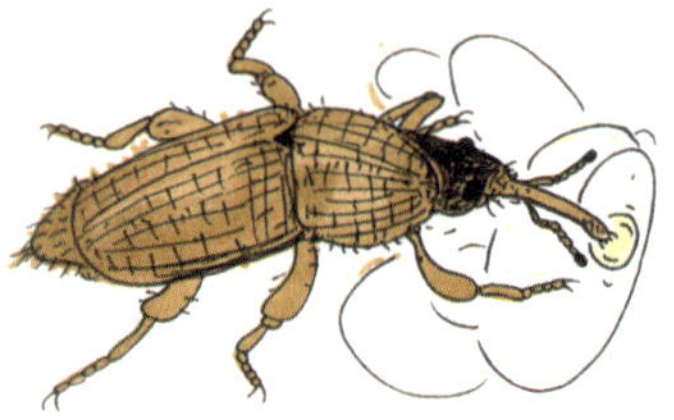

**虫子说**

我们米象甲是完全变态昆虫，经历“卵—幼虫—蛹—成虫”这一过程。米象甲妈妈会把每一颗卵塞进一颗稻粒中，是不是很勤劳？我们还有个亲戚——玉米象甲，跟我们长得很像，只是对食物的喜好不同而已。

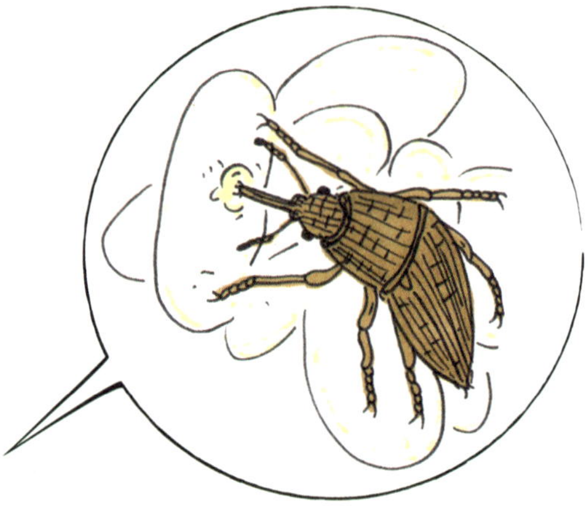

米袋中爬满了刚刚羽化的米象甲，就像到处乱滚的“黑芝麻”。

只要温度合适，卵在一周后就会陆续孵化成幼虫，幼虫会在这个温暖舒适、食物充足的安乐窝中待上将近三十天，将米粒蛀食成空壳后才会爬出来，准备化蛹。

雌虫用长嘴在米粒上钻一个洞，将卵产在卵窝中，然后分泌胶质黏液将洞口封住，所以我们很难从表面发现哪颗米粒被它光顾过。

米象甲的外形特征和其他象甲差不多，就是它的个头实在是小得可怜，最大也不过 3 毫米，甚至还没有一粒米大呢。

别看米象甲的个头比一粒大米还小，但是它的甲壳相比其他甲虫更坚固一些，整个身体像是包裹在坚硬密实的盔甲之中。

米象甲的胸甲和腹甲没有光泽，但是有明显的竖形刻纹，身体的腹面有浓密的绒毛。

米象甲是一种典型的喜高温的昆虫，最喜欢的温度是 30℃以上。这就是我们常在夏天最热的时候在米袋中发现米象甲的原因吧。温度低于 15℃，米象甲就会藏起来越冬。温度持续低于 5℃的话，它们就会陆续死亡。

这么一大袋子米被米象甲糟蹋了，扔了真是可惜。姥姥说只要把米袋放到太阳底下晒一晒，米象甲就没有了，然后用清水把米漂洗一下，被米象甲啃食成空壳的米粒就会漂到水面上。

不过也不用太担心，被米象甲污染过的大米只要处理干净，对我们身体是没有什么危害的。

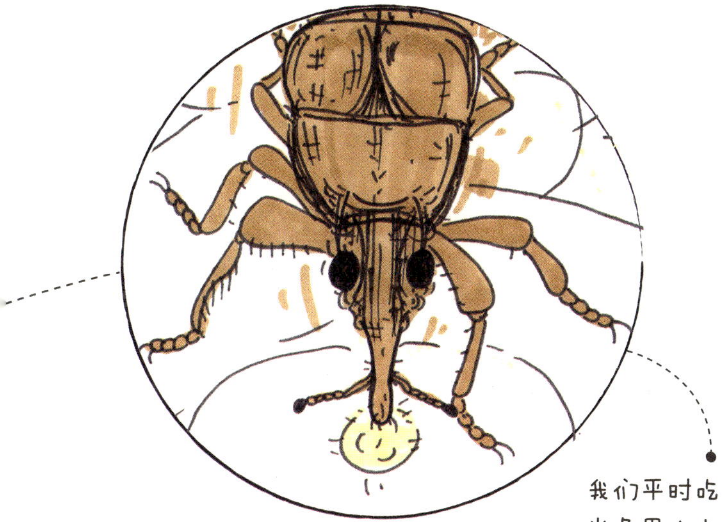

我们平时吃的米饭中也许就藏着米象甲的虫卵呢。

# 花枝招展的斑衣蜡蝉

时间：7月12日　　天气：晴　　地点：北京延庆

今年放暑假，我们一家人回到中国，第一站是到北京延庆的龙庆峡游玩。

我们住的酒店离龙庆峡不远，把行李放到酒店后，我就迫不及待地想去外边看一看。这里的植被非常茂密，一排排大树又高又粗。我在一棵非常粗的大树下停下了脚步，总觉得在这棵大树上有什么东西。我围着它仔细地找了起来，还真是，我很快就发现了一只象甲，还有一只黄钩蛱蝶。当我再转到树干的另一侧的时候，一只粉红的昆虫吸引了我的目光，这个虫子很漂亮，不仅颜色鲜艳，还有清晰的斑纹。妈妈说这个虫子应该就是她小时候常见的“花大姐”。这名字倒挺适合这个漂亮的虫子。不过它正式的名字叫作斑衣蜡蝉。

**档案信息**

**中文名** 斑衣蜡蝉

**拉丁名** *Lycorma delicatula*

**门** 节肢动物门

**纲** 昆虫纲

**目** 半翅目

**科** 蜡蝉科

**属** 斑衣蜡蝉属

**分布区域**

中国、朝鲜半岛、日本和美国有分布

**虫子说**

我们斑衣蜡蝉虽然叫蝉，但是和蝉科的昆虫没有多少关系，我们属于蜡蝉科昆虫。我们原产于中国，目前在朝鲜半岛、日本和美国也有分布。

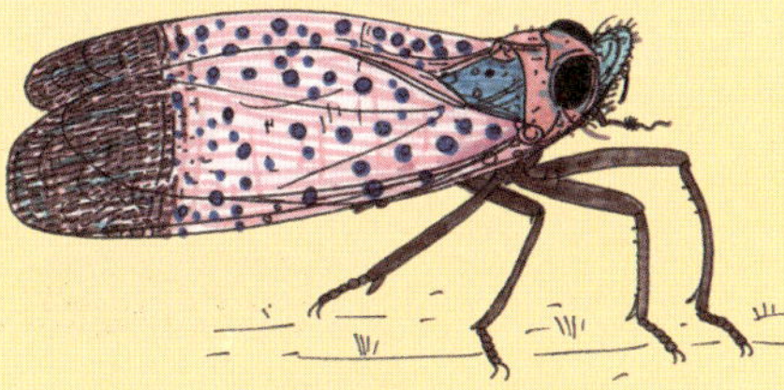

斑衣蜡蝉晚龄若虫

斑衣蜡蝉喜欢将卵产在植物枝干向阳的一面，可能这样有助于卵的孵化。一次可以产卵10—60枚。

斑衣蜡蝉是不完全变态昆虫，若虫分为五龄。斑衣蜡蝉若虫颜色变化较大，早龄若虫为白色至灰白色，中龄若虫颜色逐渐变深，呈黑色，晚龄若虫逐渐变成粉红色。

斑衣蜡蝉是蜡蝉科昆虫中颜值很高的一种，两对翅的颜色和斑纹很鲜艳，就像穿着一件时尚华丽的礼服。

斑衣蜡蝉头部较小，复眼呈黑色，触角生长在复眼的下方，呈红色，形状像锥子，是少有的触角在复眼下方的昆虫。

斑衣蜡蝉前翅革质，呈长卵圆形，上半部为淡粉褐色，布满不规则的黑色斑点，下半部为深褐色或黑色，密布竖形白色细条纹。后翅为膜质，呈扇形，后翅基部到尾部为鲜红色，有零星黑斑，末端为黑色，黑色和红色之间有白色区域。

斑衣蜡蝉有一个长且锋利的口器，很像一把长锥子，可以刺入植物枝干很深的部位，吸食可口的汁液。

虽然斑衣蜡蝉拥有美丽迷人的翅，但是它的飞行能力却很弱，只能连续飞 1—3 米，然而它却有很强的跳跃本领，最远能跳 1 米多。

如果发现一只斑衣蜡蝉，它的周围一定会有伙伴，因为斑衣蜡蝉具有群集性，经常十几只甚至数百只聚集在树杈枝头上休息。

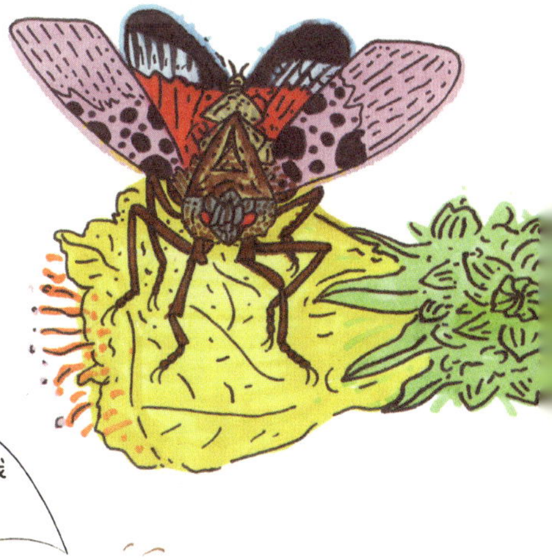

如果实在没有时间逃跑，斑衣蜡蝉就会装死迷惑捕食者。

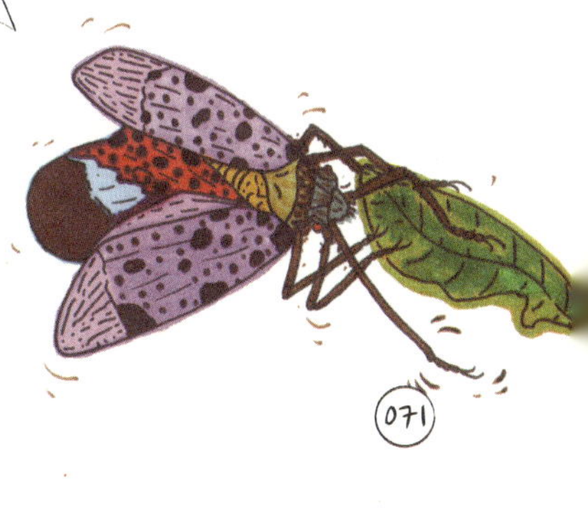


飞跳结合既是斑衣蜡蝉的日常行动方式，也是它躲避敌害的利器。

# 威风凛凛的“大将军”——蝈蝈

时间：7月15日　　天气：晴　　地点：家中



今天姥爷送我一只蝈蝈，这蝈蝈身披铠甲，真像一位大将军。这只蝈蝈绿绿的，从下面看它的肚子像极了一根黄瓜。姥爷告诉我，这只是铜蝈蝈，翠绿翠绿的，叫声也好听；还有一种铁蝈蝈，墨绿色的，叫声很沉闷。听说蝈蝈很爱吃倭瓜花，不过家里没有，我就给了它一点胡萝卜，没想到它还真大口大口地吃了起来。

我这蝈蝈很爱鸣叫，其实它的鸣叫声是摩擦翅发出的，说烦倒也不怎么烦，说不烦吧，还真有点儿烦。它每时每刻都在唱歌，一会儿高昂，一会儿舒缓，一会儿欢快，一会儿柔美，就连夜晚睡觉前也要高歌一曲。你们说它到底是“大将军”还是“歌手”呢？或许都是吧。

**档案信息**

**中文名** 优雅蝈螽
**拉丁名**
*Gampsocleis gratiosa*

**门** 节肢动物门
**纲** 昆虫纲
**目** 直翅目
**科** 螽斯科
**属** 蝈螽属

**分布区域**
东亚、东南亚广泛分布

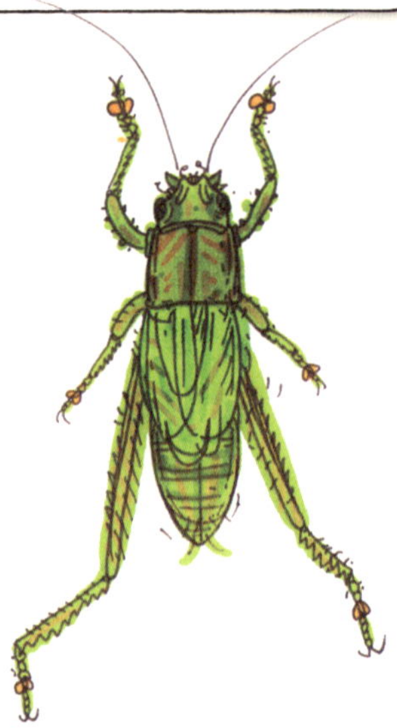

**虫子说**

我们蝈蝈学名叫作优雅蝈螽，可是昆虫界的“大明星”，早在2000多年前就被当成鸣虫饲养，直到现在，我们依然是夏天家庭消遣的宠儿、鸣虫文化的代表。

蝈蝈在螽斯科里算是大块头了，体长能达到50毫米左右，雌虫比雄虫还要大一些，身体颜色以翠绿色为主，还有一些是棕绿色的。

蝈蝈大将军的跳跃本领能帮它轻松地捕获猎物或成功地摆脱危险。

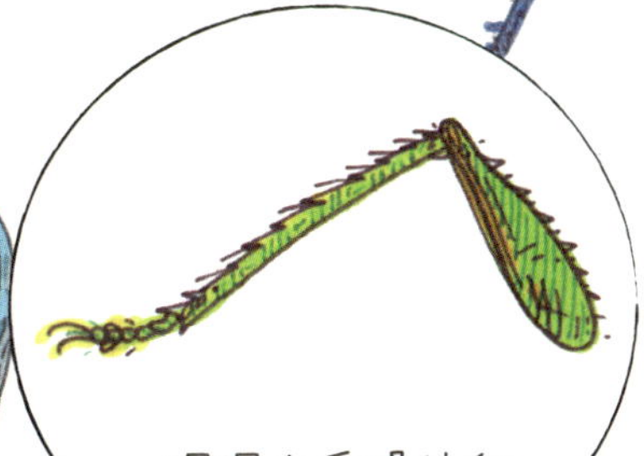

蝈蝈的后腿外侧有锋利的尖刺。

蝈蝈身体的颜色根据生活环境和季节有所变化，春、夏两季是翠绿色的，秋季多为深绿甚至棕色，叫作“铁蝈蝈”。

蝈蝈虽然有翅，但是已经严重退化，并不能飞翔，但是它的腿却非常发达，尤其是后腿，长度达到身体的两倍多，不但长，而且粗壮有力，所以它的跳跃能力非常出色。

蝈蝈不仅腿长，头也很大，呈长椭圆形，头顶有一对丝状的触角，比身体还要长，总是在头顶晃来晃去。

胸甲和背甲宽大厚实，将整个胸部和背部包裹得严严实实，就像将军的盔甲。

蝈蝈雌虫的翅较小，雄虫的翅要比雌虫大且厚。雄虫会摩擦前翅发出声音，所以会鸣叫的都是雄虫。

蝈蝈不仅体态宽大健壮，有大将之风，还是一位唱功卓越的男高音。在鸣虫界，若蝈蝈称第二，没哪个虫敢称第一。

蝈蝈是杂食性昆虫，荤素都吃，但是我觉得它更喜欢肉食。它凶猛敏捷，捕食比它大很多的虫子也不在话下。

蝈蝈有发达的口器，整个口器几乎占到头部的一半，像锯一样锋利的上颚，像铲一样坚硬的唇部。如果被它咬一口，那一定会疼得你嗷嗷大叫。

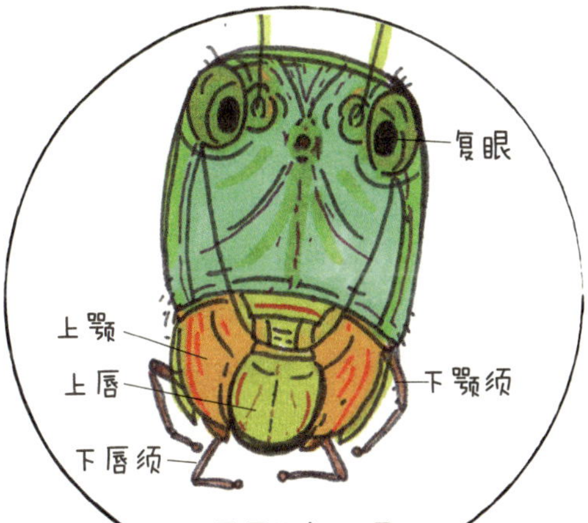


蝈蝈头部正面

从外形分辨蝈蝈雌虫和雄虫，除了看体形和翅，最大的区别是雌虫有一个发达的像弯刀的产卵器。

这位穿着绿色大礼袍的贵妇人是蝈蝈的亲戚——巨拟叶螽。

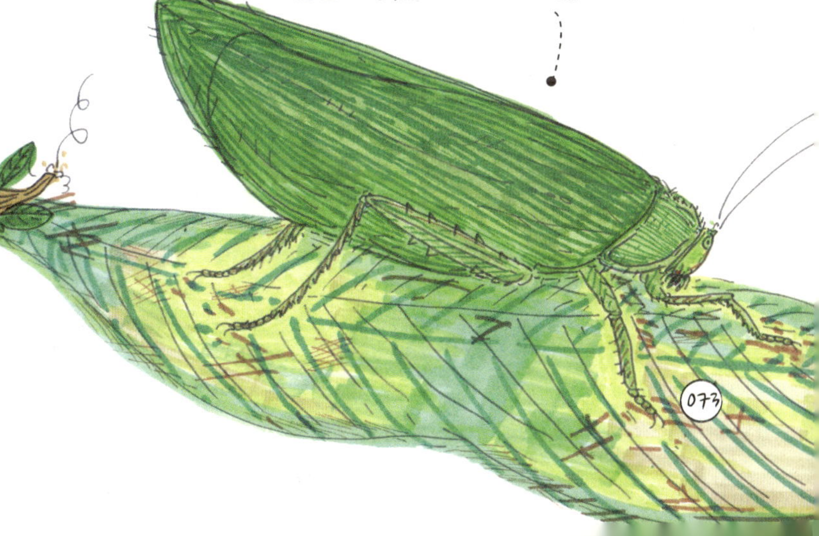

# 轻功了得的“水上漂”——水黾

时间：7月16日　　天气：晴　　地点：小河塘

今天我和姥姥去一个小河塘捞鱼，结果鱼没捞到几条却抓了一堆长腿虫子，姥姥把这些长腿虫子叫作“水蚊子”。不过我看来看去，发现这些家伙除了腿长，其他一点也不像蚊子。它们确实和蚊子没有任何关系，它们叫作水黾，是一种半翅目的蝽类昆虫，天生就有“水上漂”的功夫，能利用超级长的腿在水面上快速滑动，既不会弄湿自己也不会掉进水中。

我留下几只觉得顺眼的水黾，其他的放掉了。我把它们放在了阳台上的大鱼缸里，不过水面有限，感觉它们有点施展不开身手。

希望它们能喜欢这个迷你池塘，我也能好好地观察它们。

**档案信息**

**中文名** 长翅大黾蝽
**拉丁名** *Aquarius elongatus*

**门** 节肢动物门
**纲** 昆虫纲
**目** 半翅目
**科** 黾蝽科
**属** 大黾蝽属

**分布区域**
温带到热带地区广泛分布

**虫子说**

我们水黾虽然拥有像蚊子一样的大长腿，但是我们和蚊子没有任何关系，我们属于蝽类。

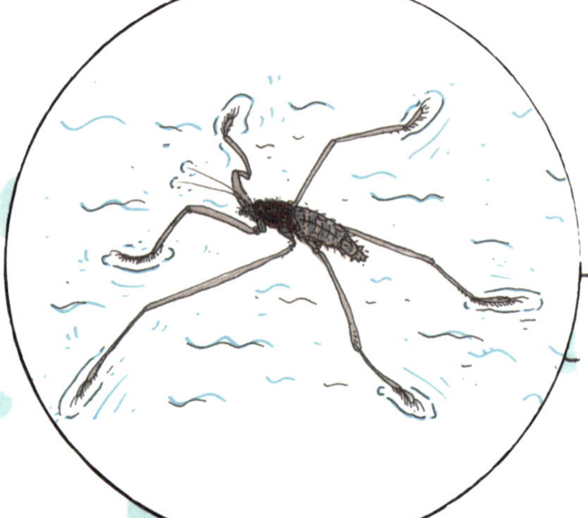

水黾身形细长，头部近似三角形，一对复眼位于头部两侧，而单眼完全退化。前胸较长，有革质的前翅和膜质的后翅。腹部呈暗灰色，布满细密的绒毛。

从整个身形来看，水黾最值得炫耀的便是它的三对大长腿，前足稍短较粗，中足和后足又细又长，长度甚至超过身体的两三倍，就像一叶撑着长桨的小舟漂浮在水面上。

如此“奇筋异骨”的完美轻功体质，使水黾能够轻松自如地栖居在湖泊、池塘的水面上，甚至在湍急的河流中也能行动自如。

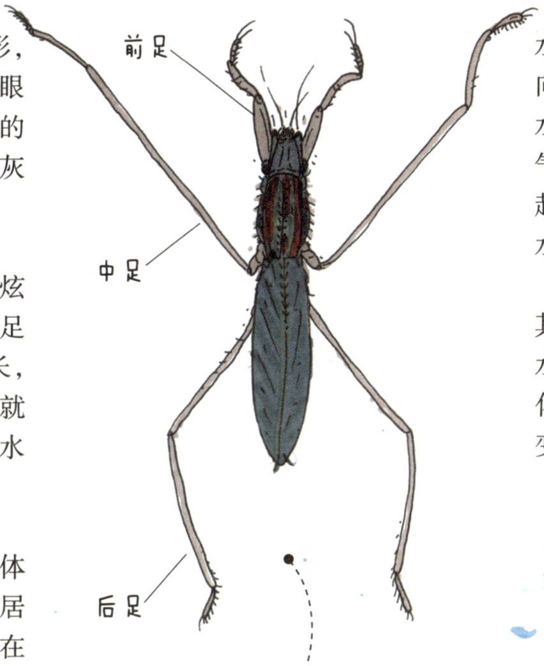


水黾在水面上划行主要依靠中足和后足，前足在行动时会微微举起来，只有在捕食猎物时才会派上用场。

水黾的足部生长有数千根同一方向排列的刚毛，这种结构可以使水黾的足部和水面之间形成一个气垫，从而让水黾的每条腿支撑起十五倍于身体的重量，这就是水黾不沉于水的轻功秘笈。

其实水黾能浮在水面上是利用了水的表面张力。然而许多水源因化学物品的污染，表面张力发生变化，造成大量水黾难以存活。

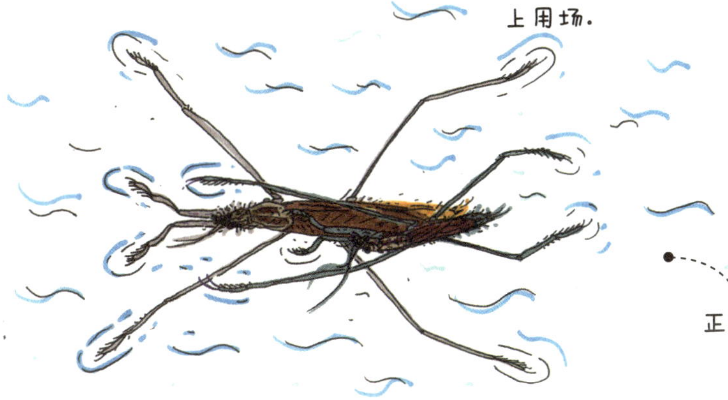

正在交配的水黾

求偶时，水黾雄虫会强行趴在雌虫背上并剧烈摇晃拍打水面，为的是引起水中捕食者注意，以此迫使雌虫快速完成交配，因此，水黾的交配行为有可能会付出生命的代价。

水黾在日常活动外的大部分时间里都是在不停地搓脚，保证腿部的清洁，这对于依靠长腿生存的水黾来说极其重要。

水黾的大部分食物来自落入水中的小虫或浮在水面的死鱼。它们的足部末端能感受到极其微小的水波震动，当有猎物不小心掉在水面上时，它们会迅速将其抓获。

水黾不仅轻功好，飞行能力也不差，并且拥有一定的跳跃本领，跳高、跳远能达到三四十厘米。水黾的单眼退化了，但是复眼的视力非常好。

# 神秘的“长腿叔叔”——家幽灵蛛

时间：7月18日　　天气：晴　　地点：家中

铃铃铃，铃铃铃，我被闹钟吵醒了，从床上坐起来，伸了个懒腰，不经意地往上一看，发现天花板上有一堆蛛网。姥姥说这是报喜蛛的网，如果家里有报喜蛛出现，说明不久家里就有好事情发生。哈哈，是我先发现的报喜蛛，那我下次考试一定能取得好成绩喽。

其实这个报喜蛛就是家幽灵蛛，它非常适应室内生活，所以它的生活史几乎是和人类一起度过的。只是有时候我们不易发现这些小家伙，因为它们总是像幽灵一样躲藏在幽暗隐蔽的地方偷偷地注视着我们的一切。

不过对于有洁癖的人来说，这个小家伙的存在，尤其是它那无比难看的蛛网，简直就是噩梦。姥姥就执意要把这个蛛网清除掉，虽然蛛网的位置很高，但是没关系，姥姥总是有办法——长棍子绑着小扫帚，一招解决。

**档案信息**

**中文名** 家幽灵蛛

**拉丁名**

*Pholcus phalangioides*

**门** 节肢动物门

**纲** 蛛形纲

**目** 蜘蛛目

**科** 幽灵蛛科

**属** 幽灵蛛属

**分布区域**

亚热带、温带地区广泛分布

**虫子说**

幽灵蛛科大约有4000多个成员，我们家幽灵蛛就是其中最爱宅家的一员。我们和人类共居一室，相安无事，帮助他们消灭蚊子、蟑螂等害虫。

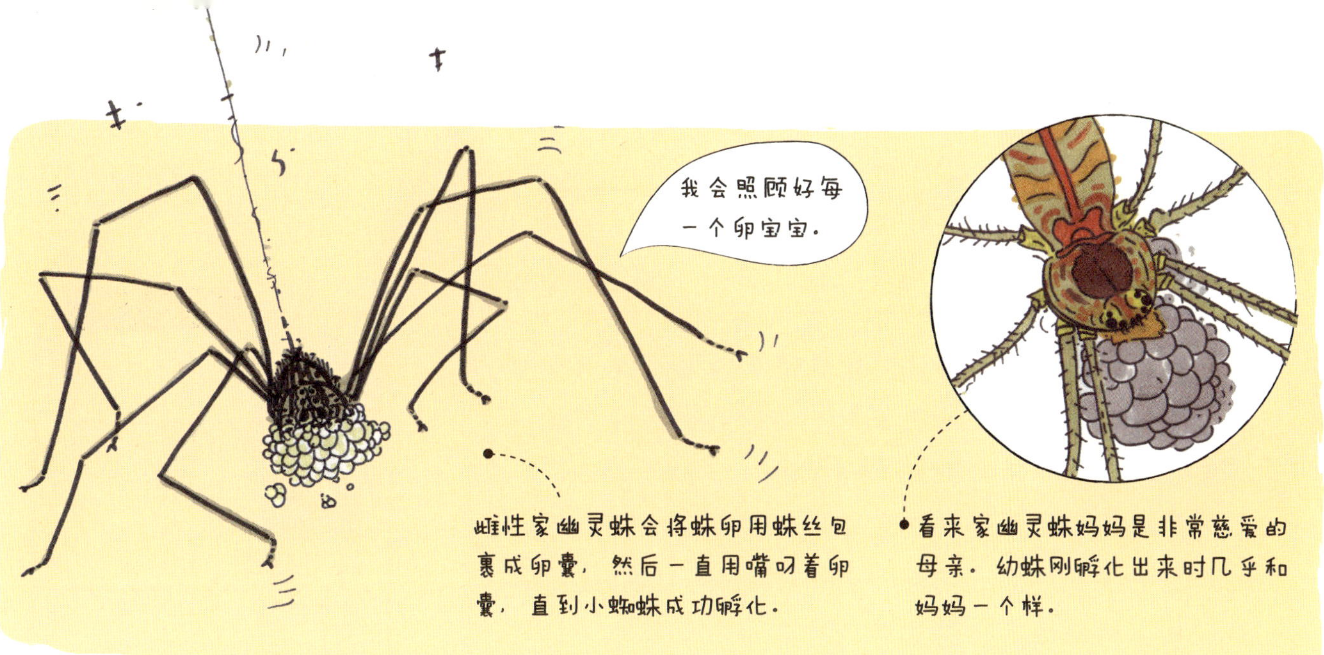


家幽灵蛛是一种生活在室内的幽灵蛛属的蜘蛛，雌蛛身体部分只有八九毫米，雄蛛比雌蛛个头略小，腿的长度却是身体长度的三倍以上。如果按照身体和腿的比例来说，家幽灵蛛是世界上腿最长的动物之一，所以它有个亲切的绰号——长腿叔叔。

家幽灵蛛喜欢在室内的墙角、房顶、桌橱等地方的犄角旮旯安家落户，它们喜欢捕食蚊子、蝇类和蟑螂等居家昆虫，甚至还捕食其他大型的毒蜘蛛。

家幽灵蛛大部分体色为灰白色，头部中间有两个褐斑，腹部呈隆起的长筒状。全身光滑整洁，几乎没有绒毛。

对于家幽灵蛛来说，大长腿是它捕猎的绝佳优势。因为腿长，所以控制和攻击猎物的范围就更大一些，可以减少近战的危险。

家幽灵蛛能成功捕食比自身体型大数倍的毒蜘蛛，完全得益于它的腿长优势。

当家幽灵蛛遇上危险时，身体在大长腿的支撑下能上下及左右大幅度地晃动摇摆，就好像在跳舞一样，其实它是以此来躲避敌人的攻击。

家幽灵蛛捕食其他蜘蛛时，往往采取主动出击、诱敌深入的抓捕策略。它先用长腿拨弄其他蜘蛛的蛛网，引诱其出洞，再将其捕杀。

家幽灵蛛虽然也属于毒蜘蛛，但是它的毒性很弱，连一只小虫也毒不死。看来，它要填饱肚子还得要靠辛勤织网，单凭毒牙是不行的。

家幽灵蛛织的网简单粗暴、很不规则，但是并不影响它捕猎的成功率。

家幽灵蛛捕获猎物后，不是将猎物撕碎咀嚼进食，而是先分泌一种消化酶将猎物的内部组织分解成可吸收的液体，然后用吸管状的口器吸食。

饱餐一顿后，家幽灵蛛将破败不堪的蛛网简单地修修补补后便会继续使用。

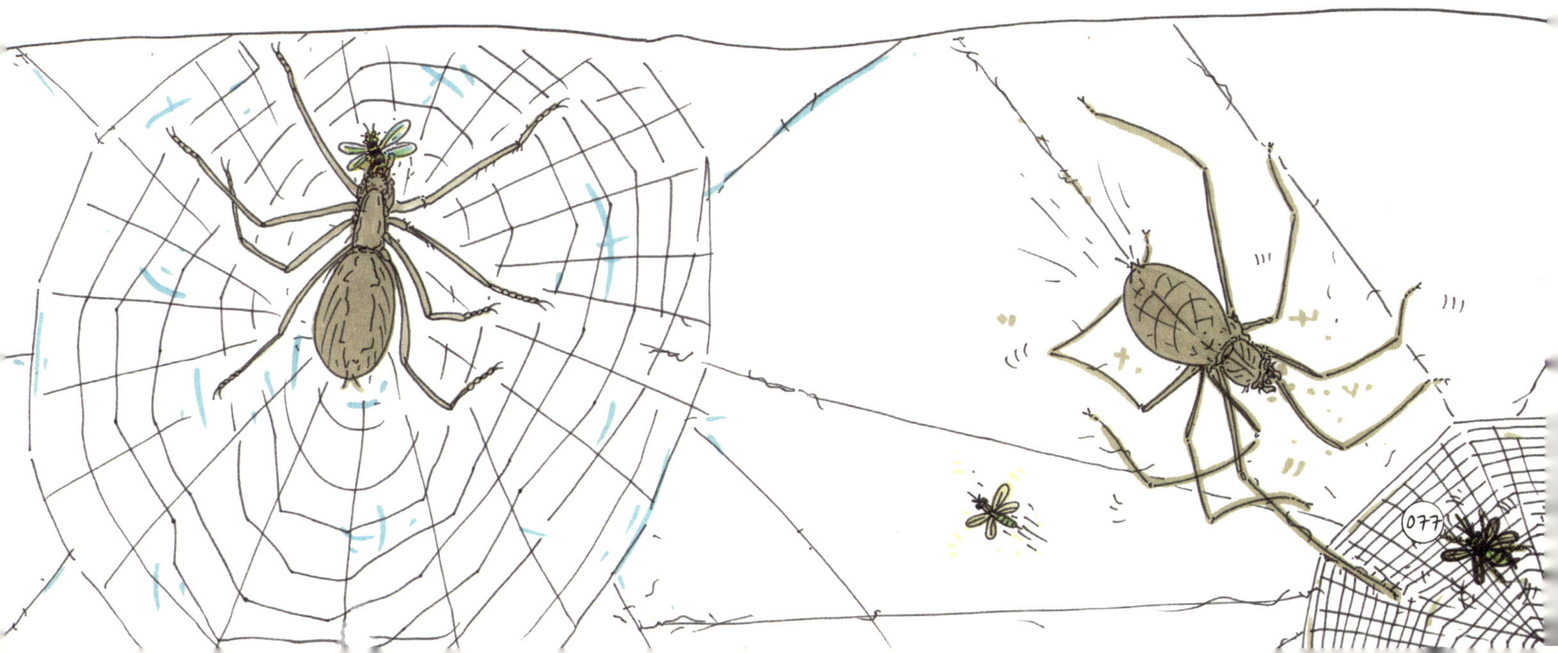

# 凶残的水中“猎手”——龙虱

时间：7月20日　　天气：阴　　地点：家中

姥姥去水产市场回来，我迫不及待地接过装小河虾的袋子，翻来覆去地想找到一些惊喜。还真别说，我还真找出来两只小甲虫——龙虱。

龙虱属于淡水昆虫，有黑色的和蓝色的，我的这两只是亮黑色的。它们的外壳格外光滑，就像抹了层蜡似的，两侧还有金黄色的边。我上网查了一下，它们叫作金边龙虱。

既然它们是水生昆虫，那么它们和陆生昆虫一定有很大的区别。没错，如果你仔细观察的话，你会发现它们的后肢上有好多又长又厚的毛。那些毛可以帮助它们在水里游得更快，以捕食小鱼小虾，还能迅速地从捕食者那里逃脱。

**档案信息**

**中文名** 龙虱
**拉丁名** Dytiscidae

**门** 节肢动物门
**纲** 昆虫纲
**目** 鞘翅目
**科** 龙虱科

**分布区域**
东亚、东南亚广泛分布

**虫子说**

我们龙虱可谓水、陆、空全能型人才，不但在水中生活自如，而且登陆和上天也难不倒我们。论相貌，或许我们并不招人喜欢。但在水中，“虾兵蟹将”、大小游鱼也得忌惮我们三分。

**龙虱幼虫样貌奇特，性情凶残，堪称水中吸血鬼**

龙虱幼虫长得像只六条腿的蜈蚣，一对上颚异常发达，是它称霸水中的制胜武器。它的腹部有特殊功能——呼吸，所以我们总能看到它把腹部高高翘起露出水面。

龙虱幼虫不仅样貌丑陋，还十分贪吃，是实打实的"肉食主义者"，能轻而易举地捕食小鱼和蝌蚪。一旦被这个"贪吃鬼"抓到，很难有逃脱的机会。因为龙虱幼虫的上颚能将消化液注入猎物体内，将其"液化"，然后不费吹灰之力将其吸食成一具空壳。

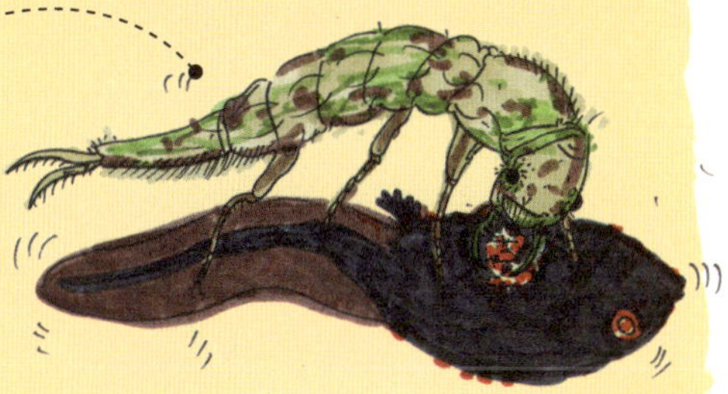

龙虱的身体呈扁椭圆形，背部隆起，胸甲和背甲完整贴合呈流线型，脑袋很小，几乎隐藏在胸甲下面。配上一对船桨似的后足，简直就是天生的游泳健将。

龙虱喜欢生活在淡水中，尤其是水草茂盛的河流、池塘和沼泽地带。或许是在水中生活的原因，龙虱的身体表面十分光滑，尤其是雄虫的背部，就像抹了一层润滑油一样。这也成为分辨龙虱雌雄的依据。

龙虱前足粗壮有力，有助于它紧紧抓握食物。雄虫前足末端有吸盘，在交配时可以牢牢地抓住雌虫光滑的背部。

龙虱们可以好几只联合起来进攻比较大的小鱼小虾，甚至蛙类，它们先团结协作将其制服，然后用刺吸式口器吸吮猎物体内的血液。

龙虱背部鞘翅下面会有一定的间隙，在它潜入水里的时候，相当于携带着一个大气泡，这个气泡就像一个氧气罐，在它潜入水里时供它呼吸使用。

别以为龙虱只能在水中称王称霸，其实它的飞行本领也不差。

龙虱的后足像又扁又宽的船桨，密布着长长的刚毛。这就是龙虱超强游泳本领的秘密武器，在它快速偷袭猎物或是逃跑时可以助它一臂之力。

听虫子说
我的虫子观察笔记

# 霸气十足的独角仙

时间：7月23日　　天气：晴　　地点：阳台

嗖——啪！正在做标本的我听见声音后，马上跑到了阳台，原来是一只独角仙，它在飞的时候不幸撞到了我家的玻璃上。只见它四脚朝天地躺在地上，用尽一切力量想翻过来。哎，感觉它不管怎样还是无济于事。还是我来帮它吧。

说起独角仙，你一定能想起它那胖胖的身体和头上的大角。它的大犄角是为了求偶和保卫领土而存在的。有些霸道的独角仙总想去抢其他独角仙的地盘，地盘的主人会竖着大角撞过来，那强盗也会不甘示弱地向对方撞去。独角仙可是动物界的大力士，雄性独角仙在争夺配偶时也要打一架，比拼力量，一较高下。

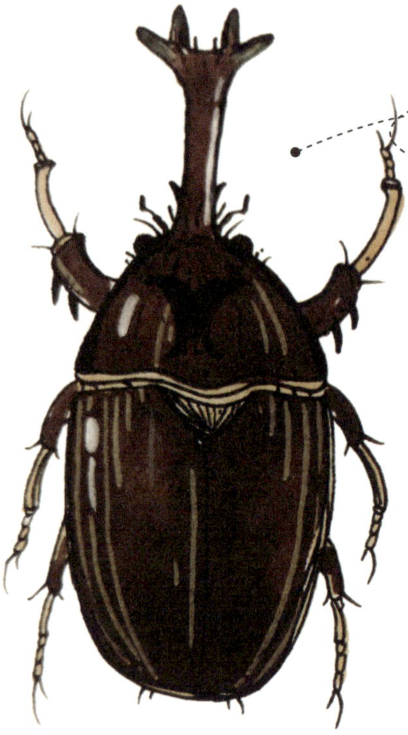
成虫（雄虫）

**档案信息**

**中文名** 双叉犀金龟
**拉丁名**
*Trypoxylus dichotomus*

**门** 节肢动物门
**纲** 昆虫纲
**目** 鞘翅目
**科** 金龟科
**属** 叉犀金龟属

**分布区域**
东亚、东南亚广泛分布

**虫子说**

我们在小时候只不过是一条白白胖胖的肉虫子，化蛹羽化之后，才会变成霸气十足的独角仙。独角仙的中文名叫作双叉犀金龟，属于鞘翅目金龟科叉犀金龟属的一种。

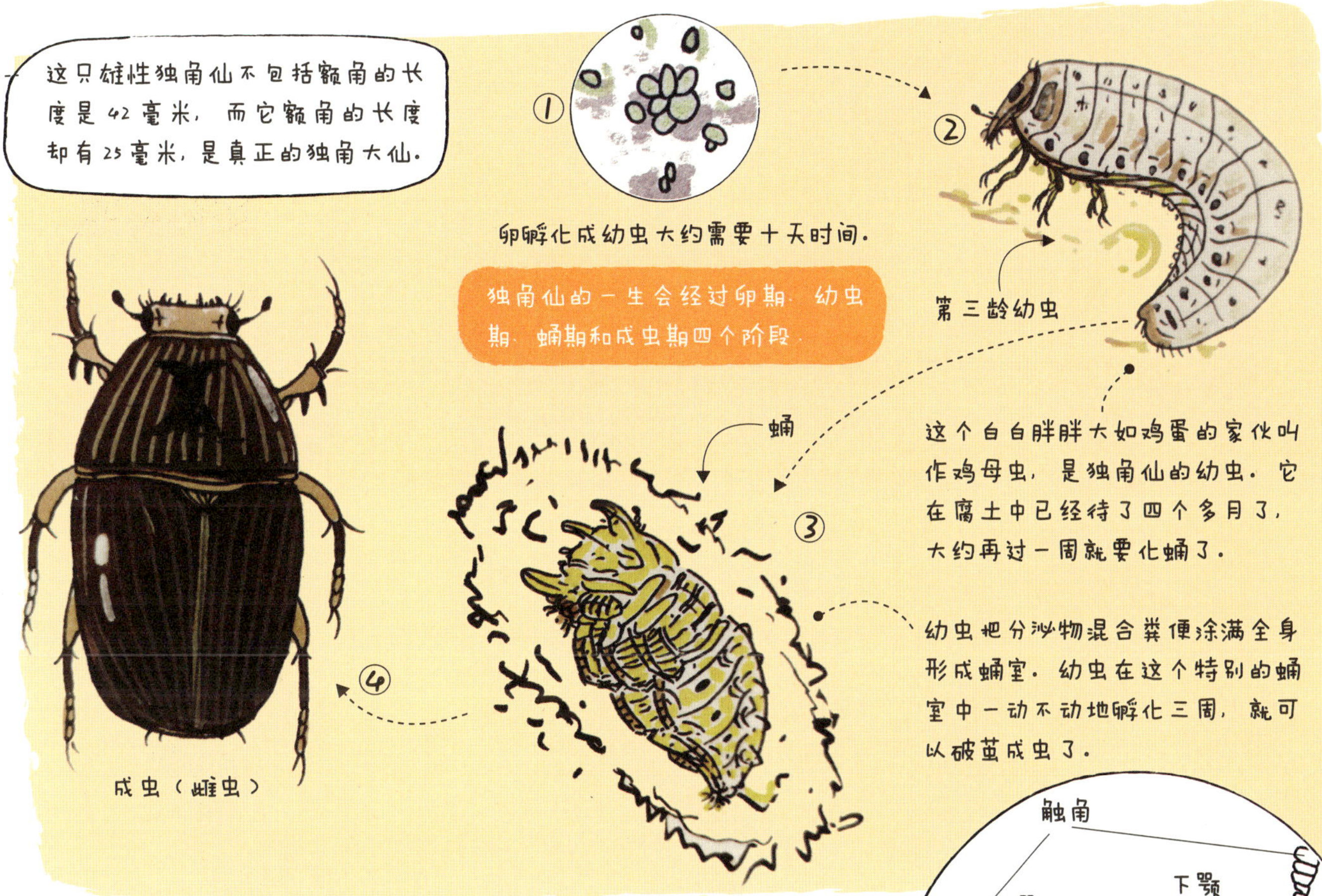


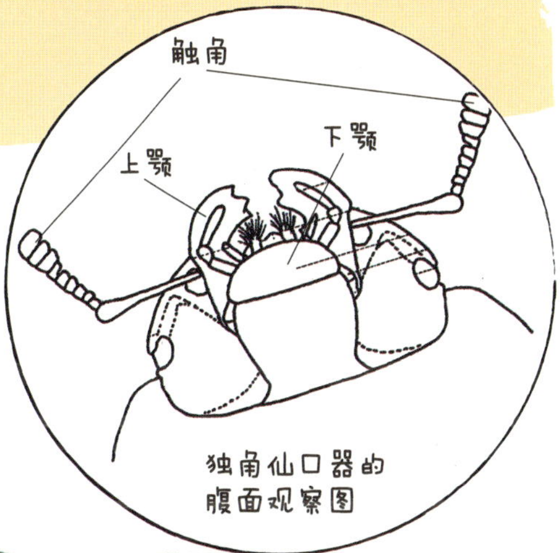


独角仙整个身体的颜色为深棕色，头部很小，眼睛深红色，背甲及胸甲没有绒毛，腹部表面有纤细的绒毛。雄虫体表光滑而雌虫体表比较粗糙。

独角仙成虫对腐烂植物的汁液和熟透的水果情有独钟。它吃东西的方式也很特别，先用铲子一样的上唇划破树皮或水果表皮，再用刷子一样的外额叶舔食树汁和水果。

独角仙雄虫除了有一个大角，它的前足比雌虫的要长很多。

独角仙的成虫能活一至三个月，雌虫通常比雄虫寿命更长。

虽然独角仙有典型的咀嚼式口器，但是它不会咬人，样子看起来凶巴巴的其实很温柔。

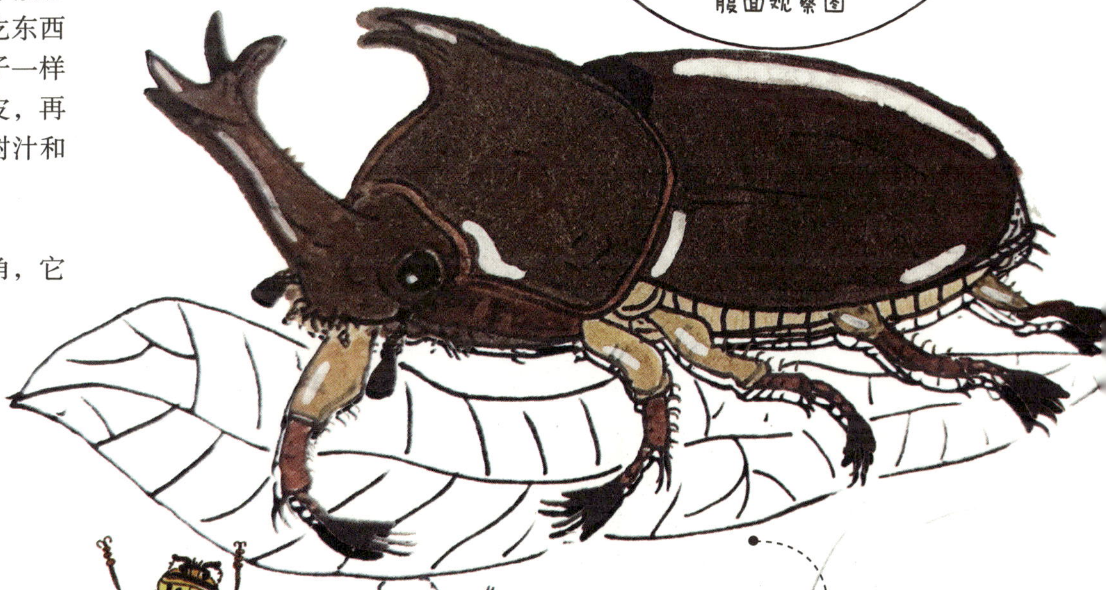

体型和独角仙差距很悬殊的金龟子其实是独角仙的近亲。

独角仙吃东西的时候总会吸引其他虫子前来窃取它的劳动成果。

# 力大如牛的天牛

时间：8月5日　　天气：晴　　地点：家附近的荒地

今天我在一棵枯木上抓到了一只天牛，和普通的天牛不一样，它全身都是黑色的，没有白色斑点。这种天牛我还是第一次见。它长着长长的触角，触角的长度超过了身体的长度，口器大而强壮，六只足都很粗壮。我刚抓住它，它就边叫边用力蹬我，看来脾气不太好。天牛是很多人小时候的玩伴，殊不知，天牛曾和恐龙生活在同一时代。天牛在地球上漫长的迁徙和繁衍历程，使得它们种类繁多、形态各异。体型最大的天牛是大泰坦天牛，栖息在南美洲亚马孙河支流的热带雨林中，雄性最大体长可以达到190毫米。

我喂了它一些水果，它居然真的吃了。它吃饱喝足后，就打开鞘翅，展开膜翅想要飞走。我把窗户打开，它拍拍翅，飞走了。

**档案信息**

**中文名** 天牛
**拉丁名** Cerambycidae

**门** 节肢动物门
**纲** 昆虫纲
**目** 鞘翅目
**科** 天牛科

**分布区域**
除南极洲外广泛分布，以热带居多

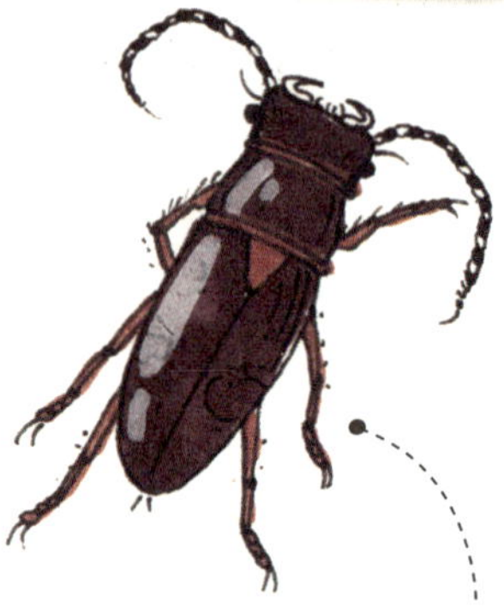

我抓到的这只天牛个头不大，但是力气真不小。

**虫子说**

我们天牛家族可是个庞大的家族，全世界有两万多种。我们角长如牛，善于在空中翱翔，天牛之名名副其实。

我喂了它一些水果，它大口大口地吃了起来，看来天牛喜欢吃甜食。

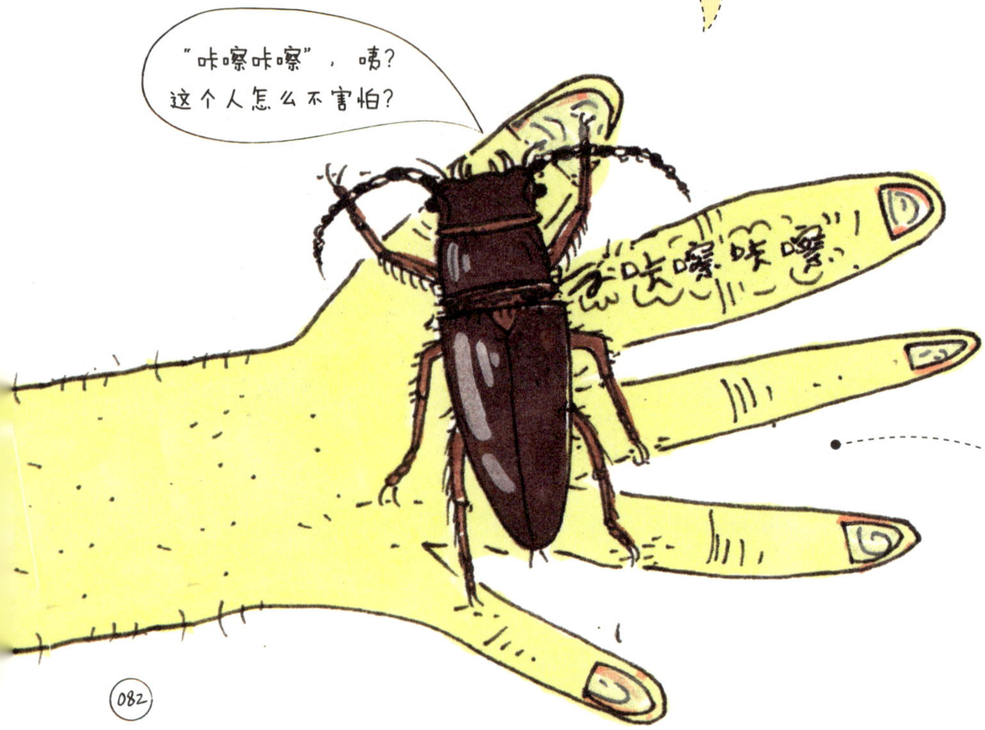


我抓到的好多天牛都会摩擦前胸背板发出"咔嚓咔嚓"像锯树的声音，所以天牛也被叫作"锯树郎"。其实它们是用这个声音吓唬捕食者。

这只天牛的身体呈长圆筒形，略微扁平，全身棕黑色，没有斑纹。最显眼的要算它的触角，比它的身体还要长，这也是这种虫子的特别之处。有一种叫作长角灰天牛的，其触角长度是身体的四五倍。

天牛不仅长长的触角像公牛的特角，还力大如牛，这就是它名字的由来。

天牛另一个特点就是拥有一对大而强壮的下颚，坚硬的树木对它而言就是小菜一碟。

我以前抓到的很多天牛背甲上有好看的斑点，像光肩星天牛、华星天牛等。

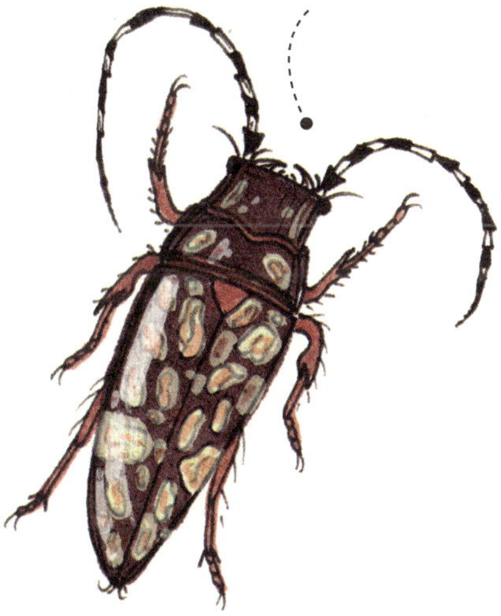

这两只都是云斑天牛。

我最喜欢两种天牛，一种是龟背天牛，另一种是桃红颈天牛。

龟背天牛的样子很独特，背部鞘翅上是黑色和黄色条纹构成的龟壳状斑纹，长长的触角上长着一对黑色绒毛球，像小丑一样很诙谐。

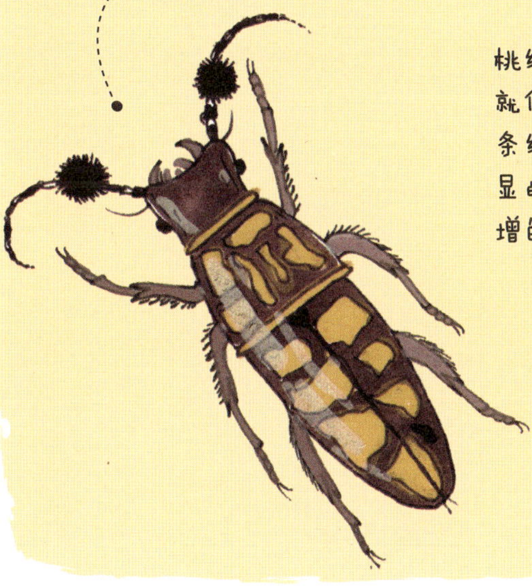

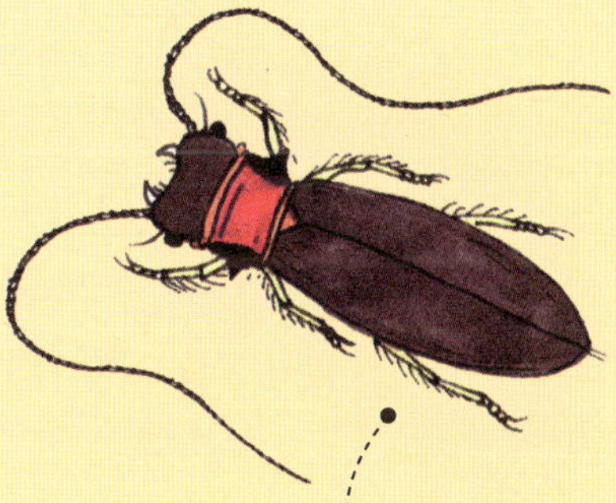

桃红颈天牛，也叫“红脖子天牛”，就像是一只全黑色的天牛围了一条红围脖，而且红围脖两侧有明显的、尖尖的刺突，为它的颜值增色不少。

天牛飞行时前翅（鞘翅）张开不动，后翅（膜翅）扇动飞行，飞起来声音很大，很远就能听到“嘤嘤嘤”的声音。

# 秋

秋风催促着蜣螂多滚几个粪球。

# 生活方式多样的“提灯侠”——萤火虫

时间：8月10日　　天气：晴　　地点：路边石墙

**档案信息**

中文名 萤火虫
拉丁名 Lampyridae

门 节肢动物门
纲 昆虫纲
目 鞘翅目
科 萤科

分布区域
温带到热带地区广泛分布

今天我在一面石墙上发现了一只萤火虫，是一只雌性萤火虫。不像你们想象的那样长有翅会飞，雌性萤火虫是没有翅的，不会飞，保留了它幼虫时期的样子。

当我把它捉起来时，它的身体软软的，还把那三角形的小头缩回了身体里。你们知道萤火虫喜欢吃什么吗？竟然是蜗牛。它会把尖锐的口器扎入蜗牛体内，这时候蜗牛还以为萤火虫在为它们免费按摩呢，其实蜗牛已经中了萤火虫的毒。等到猎物一动不动时，萤火虫才会开始享受自己的劳动成果。

那萤火虫腹部发光的小灯泡又有什么用处呢？或许是用来吸引异性的吧。

**虫子说**

我们萤火虫生活方式多种多样，有水生也有陆生，不同种类的萤火虫活动时间也有所差异，有的喜欢在白天活动，有的却喜欢在夜间活动。

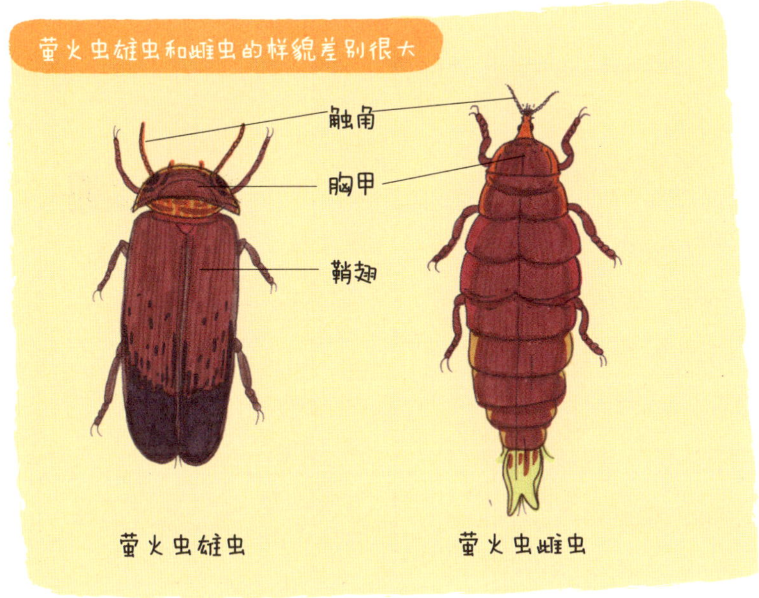


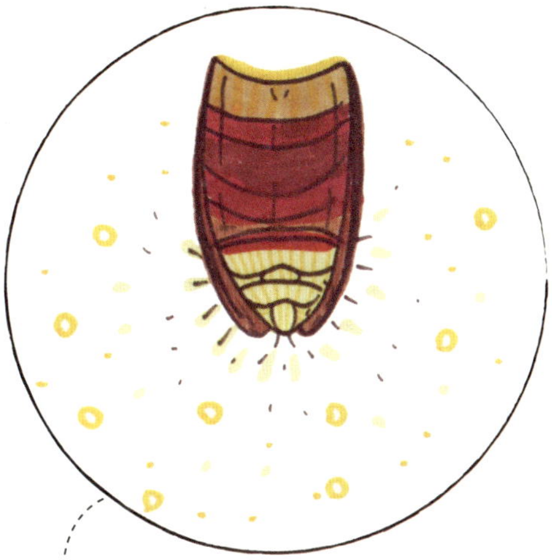

萤火虫雄虫的发光器在腹部末端的下方。

萤火虫体形较小，身形细长且扁平，体长大约 10 毫米。一些种类的萤火虫雄性和雌性成虫样貌完全不同，雄虫有鞘翅和后翅，能飞，而雌虫没有翅，不能飞，且体形普遍比雄虫大一些。

萤火虫属于完全变态发育昆虫，一生要经历卵、蛹、幼虫和成虫四个阶段，幼虫经过多次蜕皮成为成虫。一些种类的雌性萤火虫成年后的样貌和幼虫期没有太大的区别，而雄性萤火虫则会进行一次翻天覆地的蜕变。

萤火虫的头部很小，雄虫的头部往往被宽大的胸甲板所覆盖，它的胸甲很容易被误认为是它的头部。

目前发现的 2000 多种萤火虫并不是全部都可以发光，其中就有一些另类的家伙，它们完全是徒有虚名。

萤火虫的腹部有个发光器，其中的萤光素在萤光素酶的作用下与氧气发生化学反应，就可以发出黄绿色的荧光。

在很多人的刻板印象中，只有萤火虫的成虫可以发光，其实不然，萤火虫在其生长的每一个阶段都可以发光。

萤火虫是通过独特的光信号来求偶的。每种萤火虫具有特定的闪光模式，当雌虫发现心仪的求婚者时，它就会用自己特有的闪光来回应雄虫。

和有点浪漫主义的成虫相比，萤火虫的幼虫是妥妥的肉食主义“恶魔”，它们会捕杀蜗牛、蚯蚓或者螺贝类动物。

陆生萤火虫幼虫最喜欢捕食蜗牛，它通过上颚将具有毒素的分泌液注入蜗牛体内，等蜗牛被麻痹后，再分泌消化液将蜗牛分解成肉糜，然后一饮而尽。通常会有许多只萤火虫幼虫分享一只蜗牛。

目前，有些萤火虫成虫的食性尚不明确，可能吸食花粉，也可能什么都不吃，只依靠幼虫期储存的营养维持整个成虫期的生命。

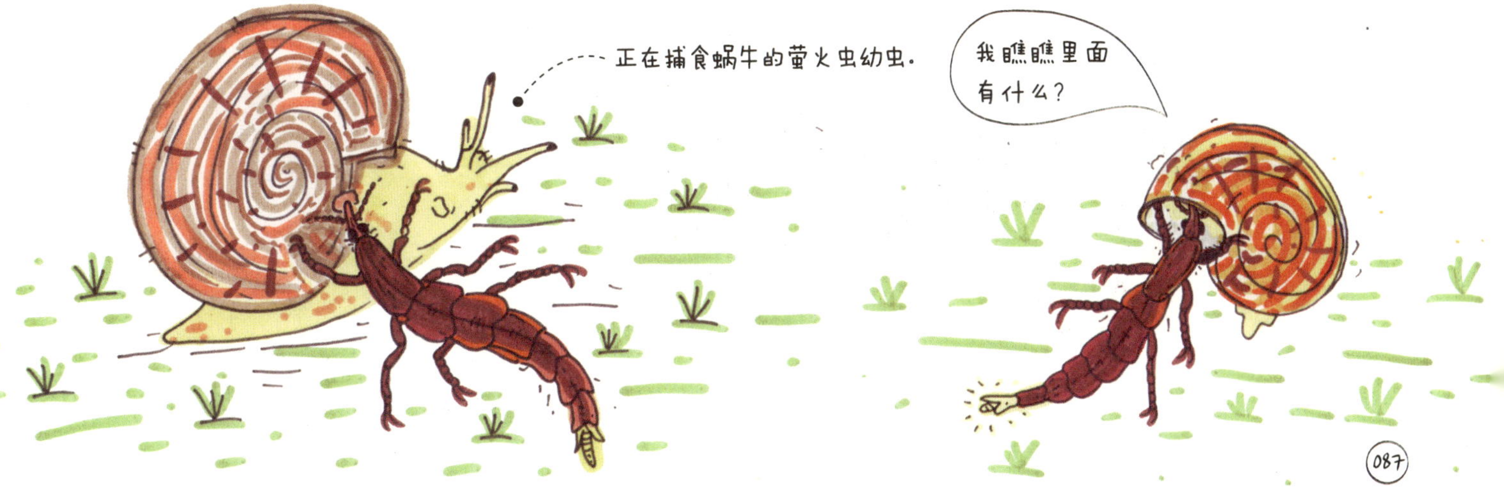

# 大自然的“清道夫”——蜣螂

时间：8月18日　　天气：晴　　地点：辉腾锡勒草原

暑假期间，我和爸爸妈妈去探望爷爷奶奶。爷爷奶奶家在内蒙古，我们一起去了辉腾锡勒大草原。

大草原的景色可真迷人啊！遍地都是牛羊，它们一会儿抬起头看看我们，一会儿又低下头继续吃草，这场景一下子让我想起了“天苍苍，野茫茫，风吹草低见牛羊”的诗句。我正聚精会神领略这优美风光，忽然感觉踩到了什么东西。我低头一看，原来是一堆牛粪。我心里正想着怎么这么倒霉，忽然，一个黑色的小家伙引起了我的注意，我俯下身一瞧，哎呀！是一只蜣螂，人们平时都叫它屎壳郎，因为它以动物粪便为食，还喜欢把粪便滚成球推到洞穴中。很多人认为它很脏，不太喜欢它。不过古埃及人认为它是神圣的甲虫，滚粪球就像把太阳滚上山坡一样。

大草原对蜣螂来说既是住所也是食堂，生活在大草原上的蜣螂真幸福，即使它们数量再多也有吃不完的美食。

**档案信息**

**中文名** 蜣螂
**拉丁名** Scarabaeinae

**门** 节肢动物门
**纲** 昆虫纲
**目** 鞘翅目
**科** 金龟科

**分布区域**
除南极洲外广泛分布

**虫子说**

我们蜣螂虽然以粪便为食，不过千万不要嫌弃我们，要是没有我们蜣螂锲而不舍的辛勤劳动，草原和牧场就会臭气熏天。

蜣螂雄虫

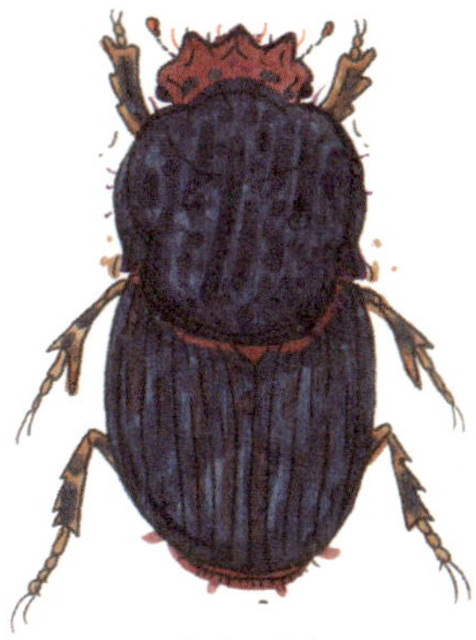

蜣螂雌虫

蜣螂的个头不大，雄虫体长只有三四十毫米，雌虫略小，身体呈椭球体状，呈乌黑或棕黑色，有一定的金属光泽。

雄虫头部前端有像铲子一样的扇面状的前突，上面有凸凹不平的皱纹，头顶中央有一个不太长的四边锥形的角突，前胸背板上布满均匀的小圆突，两侧各有一个齿状角突。

蜣螂的六只足相对短而粗，前足粗壮有力，足外侧有锋利的锯齿状的齿钩。它绝对是一位“肌肉壮汉”，拥有超乎想象的力量。

几乎所有的蜣螂家族都是以动物的粪便为食，别小瞧这些废物，它们富含丰富的有机物，这就是蜣螂锲而不舍滚粪球的原因。

蜣螂的嗅觉非常灵敏，从很远的地方就能闻到动物粪便的味道，并能判断它们是否新鲜。

发现新鲜的粪便后，一些性子急的蜣螂会先美餐一顿，吃饱喝足后会用铲状的头部、刷状的触角和强有力的前足把足够多的粪便反复搓揉成球状，然后用后足倒推着粪球前进，直到把粪球推进事先挖好的洞穴中。

一只蜣螂可以滚动大于自身体重数倍的粪球，相当于我们人类滚动重达数吨的铁球。如果雄虫和雌虫配合，还能滚动更大的粪球。

埋在洞穴中的粪球，不仅是蜣螂的粮仓也是它们的育婴室。雌蜣螂会把卵产在粪球中，孵化后的幼虫就以粪球为食，妥妥的“吃喝不愁，后顾无忧”。

蜣螂的寿命有一年左右，成虫寿命相对于其他甲虫要长一些。

在某些蜣螂家族中，粪球是雄蜣螂的定情物，谁的粪球更大谁就更容易赢得雌蜣螂的芳心，毕竟这可是它们一大家子的生活保障。

虽然漫山遍野都是动物粪便，但是有些蜣螂却有挑食的毛病，像非洲的巨蜣螂只吃大象的粪便，大洋洲的一种蜣螂只喜欢袋鼠的粪便。

# 拟态大师——叶䗛

时间：8月22日　　天气：晴　　地点：宁波

**档案信息**

**中文名** 叶䗛
**拉丁名** Phylliidae

**门** 节肢动物门
**纲** 昆虫纲
**目** 竹节虫目
**科** 叶䗛科

**分布区域**
东亚南部、东南亚有分布

今年我有幸参加了中国侨联举办的世界华裔青少年“中国寻根之旅”夏令营，第一次来到了浙江省宁波市。这是一个中国东部的沿海城市，有着和希腊一样浓厚的海洋文化。这次特殊的旅行不仅让我感受到了中华文化的博大精深，还给了我一个额外的收获——我和我的伙伴们发现了一片“会动的树叶”。

当时有小伙伴忽然大声地喊我，我冲过去后发现一片叶子在晃来晃去。我仔细一看，原来是一只叶䗛（xiū）。我实在太激动啦，毕竟能看到野生的叶䗛实属幸运。叶䗛是一类非常稀有的昆虫，在我生活的城市是没有分布的，所以我十分珍惜这样的偶遇，仔细观察着这只难得一见的虫子，直到我不得不离开。

**虫子说**

我们叶䗛成员种类稀少，全世界只有30余种，主要分布在亚洲的亚热带地区，中国大约有10种。我们可是非常稀有的一类昆虫哦。

叶䗛的一生会经过卵、若虫和成虫三个阶段

叶䗛的卵也能拟态，模拟的是植物的种子。

叶䗛的若虫和成虫长得几乎一个样，若虫经过六七次蜕皮，成为成虫。

当你看到叶䗛的时候，一定会感叹大自然的神奇，世界上居然还有这样的生物。如果叶䗛静止不动，活脱脱就是一片树叶，甚至将树叶的干枯或是被虫咬的痕迹都模拟得惟妙惟肖。

大部分叶䗛的颜色是绿色的，同一种类的叶䗛雌虫胸部和腹部外侧缘更宽大，像一片宽大的树叶，而雄虫则要瘦一些，像一片细而窄的树叶。

叶䗛的头部很小，有咀嚼式口器，雄虫的触角比较长，呈栉（zhi）状或锯齿状，而雌虫的触角很短，呈短棒状，不仔细观察很难发现。

叶䗛雄虫的前翅为革质，后翅为透明的膜质，具有一定的飞行能力，而大多数种类的雌虫的翅已退化得很短小，有些翅甚至完全消失，因此叶䗛的雌虫是没有飞行能力的。

叶䗛和其他竹节虫目的昆虫一样，具有孤雌繁殖的能力，在特殊环境中没有雄虫交配，雌虫自己也可以完成繁衍后代的任务。

叶䗛蜕皮需要较长时间，有时长达一个小时，这也是它最脆弱的时候。

有少数的叶䗛是褐色的，它们模拟的是枯树叶。

叶䗛喜欢栖息在较高的树冠上，白天不怎么活动，安静地趴在树叶丛中，捕食者很难发现它们。只有夜幕降临，它们才大胆地活动、觅食。

叶䗛低龄阶段的若虫非常活泼，刚刚孵化出的若虫会尽可能地往高处爬，或许高高的树顶对它而言是相对安全的地方。

# 小巧玲珑的甘薯叶甲

时间：8月25日　　天气：晴　　地点：公园

一说起薰衣草，我就能想起叶甲。因为每年夏天，我都能在学校的薰衣草丛中找到那么四五只叶甲。

叶甲虽然体形非常小，但是它们个个都颜色绚丽，在阳光下还闪着耀眼的金属光泽。如果幸运的话，还能看到它们交配，一只趴在另一只身上，很有意思。

今天我又抓到了一只叶甲，这是一只甘薯叶甲。我实在抵挡不住它翘翅美丽色泽的诱惑。我把它带回了家，喂了它一些蔬菜嫩叶，先养着它，想等它死了再做成标本。这真是一举两得啊。

**档案信息**

**中文名** 甘薯叶甲
**拉丁名**
*Colasposoma dauricum*

**门** 节肢动物门
**纲** 昆虫纲
**目** 鞘翅目
**科** 肖叶甲科
**属** 甘薯肖叶甲属

**分布区域**
除南极洲外全球广泛分布

**虫子说**

我们甘薯叶甲是庞大的叶甲家族中常见的一员。全世界大约有25000种叶甲，中国有1400多种。我们甘薯叶甲的个头普遍都比较小，最大的体长也不超过20毫米。

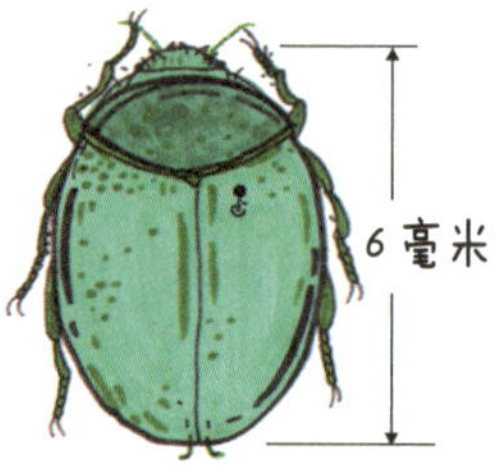


死掉的甘薯叶甲可以做成标本。

## 甘薯叶甲有两个亚种

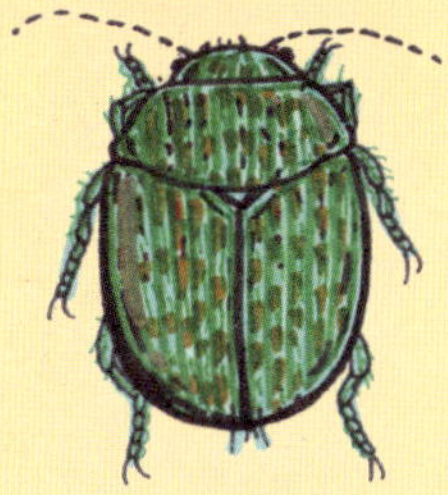

甘薯叶甲指名亚种

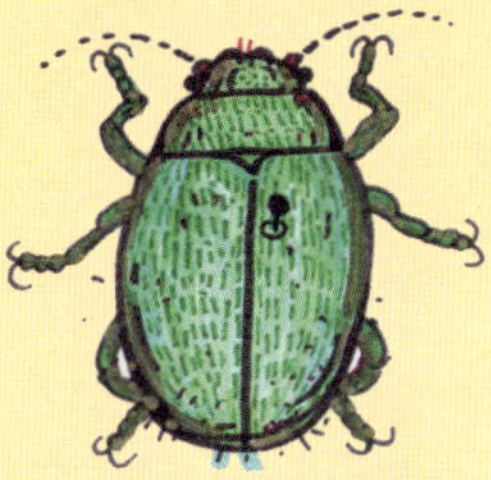

甘薯叶甲丽鞘亚种

甘薯叶甲有两个亚种，分别是甘薯叶甲指名亚种和甘薯叶甲丽鞘亚种，它们之间最大的差别就是丽鞘亚种的肩胛后方有一个闪蓝色三角斑。

甘薯叶甲指名亚种多分布在中国的北方地区，而丽鞘亚种在温暖的南方更常见。

正在吃东西的甘薯叶甲幼虫.

甘薯叶甲成虫的体形是标准的卵圆形，体长大约 6 毫米，体宽大约 4 毫米，胸甲和腹甲整体隆凸，从侧面看就像一个半球体。

甘薯叶甲的体色多样，有绿色、蓝色、蓝紫色、紫铜色等，不同地区的甘薯叶甲色彩差异较大，同地区色彩也有变化。

叶甲体形多数为卵圆形，个头普遍较小，最小的只有大约 1 毫米，不仔细看很难发现它们。大多数叶甲具有鲜艳靓丽的颜色，而且具有一定的金属光泽，这是一种警告色或保护色。

叶甲的头部、胸部和腹部区分明显，头部完全露在胸甲外面，复眼较大，触角多为丝状，长度大概是体长的一半。

甘薯叶甲成虫有很强的耐饥力，可以较长时间不吃东西。它们在早上和傍晚时分活动频繁，而在正午日照强烈的时候会躲藏在枝叶和土缝中。

甘薯叶甲的飞行能力不好，总是到处撞得人仰马翻。遇到危险只有一个办法——装死。

大多数叶甲的雌虫的个头比雄虫要略大一些。雌虫的寿命大约一个月，雄虫寿命大约两个月。

甘薯叶甲的幼虫是黄白色的，体长 10 毫米左右，体形粗短呈圆筒形，头部为黄褐色，全身密布非常细小的绒毛。

别看叶甲的幼虫个头很小，它们对植物生长的危害很大，专爱啃噬植物新鲜的根茎和嫩芽。

甘薯叶甲的幼虫钟爱土豆、地瓜等块茎植物，它们常常把刚刚生长出来的新鲜块茎啃食得伤痕累累。

# 蝗虫中的“巨无霸”——棉蝗

时间：8 月 27 日　　天气：晴　　地点：家附近的荒地

沙沙沙——沙沙沙——

我今天本来计划给我的螳螂抓小蚂蚱，然后听到了这沙沙声。我想，这一定是某种螽斯的叫声吧？我静悄悄地循着那声音走过去，哎，怎么是一只蝗虫？难道蝗虫也会叫？我俯下身紧紧地盯着那一动不动的蝗虫。沙沙沙——沙沙沙——我确定了，那叫声真是这只蝗虫发出来的。我想仔细观察它是怎样发声的，结果发现它并不只是用双翅摩擦发声，而是用它的足与前翅摩擦发出的这种声音，太神奇了。

我今天不仅给螳螂抓到了小蚂蚱，还获得了新知识。我正要往回走，突然又听到旁边的一棵大树上发出了杂乱的响声。我上前一看，一只红嘴大黑鸟叼着一只什么东西。我正想一探究竟，这只大鸟却意外地松了口，嘴里的猎物也掉了出来。我仔细一看，也是一只蝗虫。

我今天发现的两只蝗虫都是棉蝗，棉蝗是世界上最大的蝗虫。后来看到的这只棉蝗浑身呈翠绿色，估算了一下，约有 50 毫米长，这还算小的呢，上次在海南采集到的那只棉蝗，大概有 90 毫米长呢。

**档案信息**

**中文名** 棉蝗
**拉丁名** *Chondracris rosea*

**门** 节肢动物门
**纲** 昆虫纲
**目** 直翅目
**科** 蝗科
**属** 棉蝗属

**分布区域**
东亚、东南亚广泛分布

棉蝗在夏季的时候身体颜色是绿色的，到了秋天会随着生活环境的变化而改变身体的颜色，这也是一种保护色。

**虫子说**

我们棉蝗应该是蝗虫中个头最大的了，人们都喜欢叫我“蚂蚱”。我觉得人们并不喜欢我们，其实也无可非议，我们对庄稼的破坏力太大了，一旦我们成群出动，一场颗粒无收的蝗灾就在所难免了。

## 棉蝗的亲戚——中华剑角蝗

比起棉蝗，剑角蝗像个苗条的小姑娘，它尖头尖脑，顶着一对短而宽的带状触角，体形匀称，后腿细长，这是它一贯的标准照。

剑角蝗的体色季节性差异很明显，夏季是绿色，秋季是棕黄色。

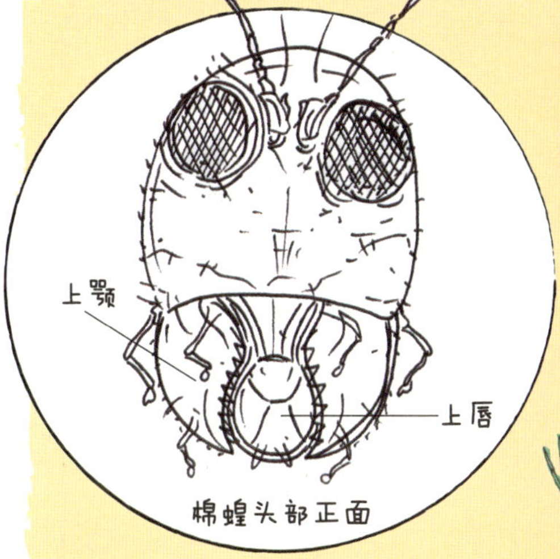


棉蝗的口器是典型的咀嚼式口器。

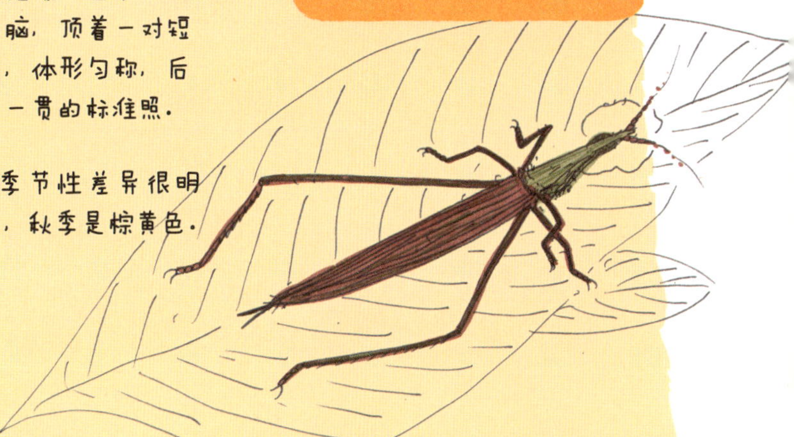

剑角蝗还有一个别名——蚱蜢。虽然它的后腿也很长，但是太过纤细苗条，所以跳跃本领比棉蝗逊色不少。

棉蝗是我们身边常见的昆虫，以个大体长著称，腹部又肥又长，后腿比它的身体还要长，而且第一腿节粗壮有力，所以它的跳跃本领也非常了得。

棉蝗雌虫和雄虫在样貌上没有太大差别，最大的不同点体现在个头上，雌虫个头比雄虫大很多，一般雄虫体长 50 毫米左右，但是雌虫可以达到 80 毫米甚至更长。

别以为棉蝗个大体壮、尖牙利嘴，就一定喜欢吃肉，比起捕猎，啃食成片的庄稼和树林更轻松，它们不拒绝任何鲜嫩的绿叶，也从不挑食，而且进食速度快得惊人。

棉蝗吃东西有个“坏习惯”，就是不肯嘴下留情，会将一片叶子啃得所剩无几，给植物造成致命的伤害。

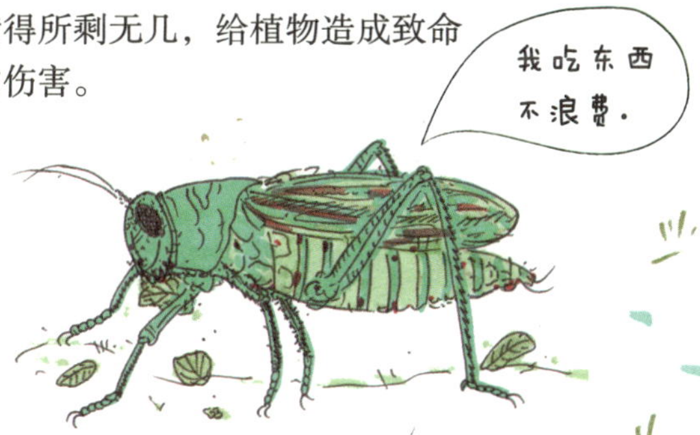


棉蝗的后腿不仅是它得力的助跳器，也是它防御敌人的武器，它后腿的胫节上布满了镰刀状的尖刺。它蹬蹬后腿，就像挥舞着两把锋利的大锯。

棉蝗属于不完全变态昆虫，从若虫到成虫需要蜕皮六七次。

棉蝗在野外的主要天敌是蛙类和鸟类，比如麻雀、燕子，还有这种红嘴的乌鸦。

# 很像蜂鸟的长喙天蛾

时间：8月29日　　天气：晴　　地点：湖边餐厅

今天我们全家收到朋友的邀请去一家豪华饭店吃饭，当我们到达那里时，我惊呆了，这哪里是一个饭店，简直像一个皇家花园。到处郁郁葱葱，饭店被各种植物和参天大树所围绕，有很多鱼池和荷塘，还有一些人在钓鱼。我不想去钓鱼，但是我很想在这个大花园中找一找有趣的虫子。

还真别说，我发现了一种“四不像”的大飞虫，它们在飞的时候不会轻易落在一个地方，总是“飘浮”在花朵上空，用又细又长的口器吸食花蜜。这种昆虫看起来像一种蛾类，浑身毛茸茸的，长着两个又大又黑的眼睛，还长着像鸟一样的“尾巴”。我并不认识这种昆虫，只是观察了一会儿，并没有抓它们。

我心里一直惦记着这些“四不像”飞虫，回家后就查了资料，原来它们叫作长喙天蛾，也叫蜂鸟鹰蛾。还别说，不管是身形还是它采蜜的方式都挺像蜂鸟的。

**档案信息**

**中文名** 长喙天蛾
**拉丁名**
*Macroglossum corythus*

**门** 节肢动物门
**纲** 昆虫纲
**目** 鳞翅目
**科** 天蛾科
**属** 长喙天蛾属

**分布区域**
热带、亚热带广泛分布

**虫子说**

我们长喙天蛾被别人称为昆虫界的四不像。的确，我们像蝶类，像蜂类，更像蜂鸟，所以也被叫作蜂鸟鹰蛾。

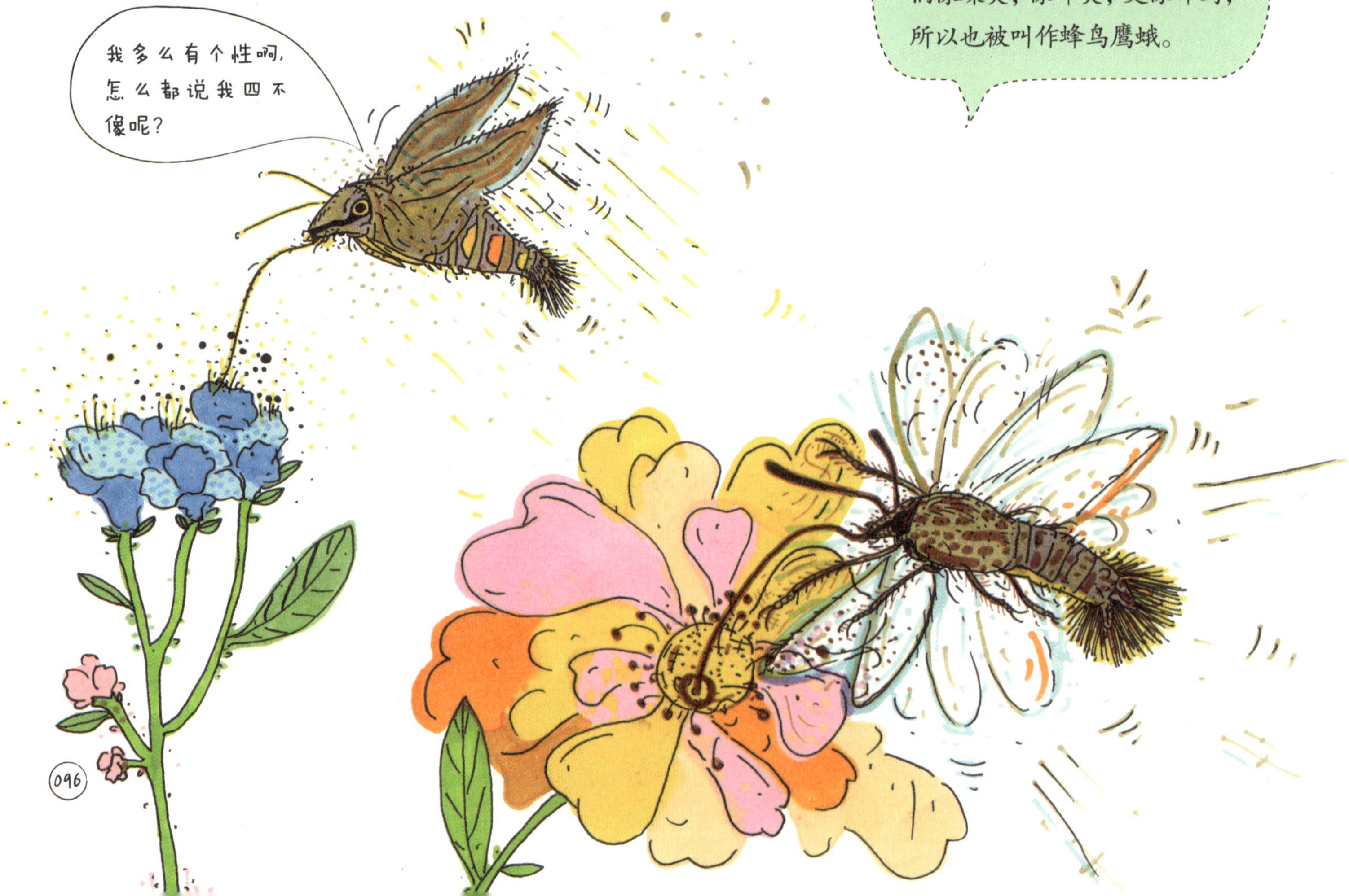

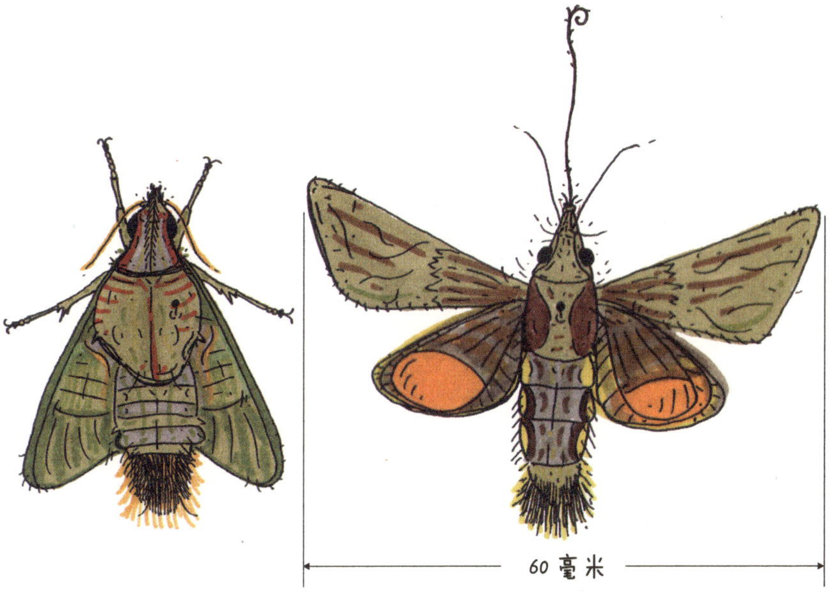


长喙天蛾的身体健硕，尤其是腹部非常粗壮，除了两对翅以外全身布满长而浓密的绒毛，腹部末端更是长满了像刷子一样的长绒毛，飞行的时候，整体形象非常像一只鸟。

长喙天蛾的颜色以棕灰色为主，双翅及腹部上有黑色和黄色斑纹。体长约 50 毫米，翅展能达到 60 毫米。

长喙天蛾拥有一个比蝴蝶还要长的虹吸式口器，其长度比身体还要长一倍，可以自由地伸展和卷曲，吃饭和休息时极其方便。看来这个“长嘴巴”的特点也是它名字的由来。

长喙天蛾飞行时两对翅振动的频率非常快，我们肉眼是无法看清楚的。它们飞行的速度也非常快，而且在飞行的过程中可以随时悬停和后退。

长喙天蛾飞行时，翅的振动频率可达每秒三四十次，还能发出清晰的嗡嗡声。

长喙天蛾的飞行方式和蜂鸟几乎一模一样，而且它的外形特点也和蜂鸟相似，所以很多人误以为花丛中飞过的是蜂鸟。

长喙天蛾拥有超强的自由飞行能力，配合那超长的口器，它们不用落在花朵上就可以轻松吸食到花蜜。

花距长的植物非常喜欢长喙天蛾来光顾，因为只有长嘴巴才能伸进很深的花蕊中帮它们授粉。

长喙天蛾的幼虫是翠绿色的，大龄幼虫身体两侧有排列整齐的红色斑点，接近化蛹时，幼虫体色会逐渐变成灰棕色。

长喙天蛾虽然属于蛾类，但是和大部分蛾类昼伏夜出的生活习性不同，它们喜欢白天活动，而且在白天觅食期间几乎不间断地在花间穿梭、悬停，到了夜晚才躲避在安全的地方休息。

# 水边的“精灵”——豆娘

时间：8月31日　天气：晴　地点：家附近的小公园

今天我去了家附近的一个小公园，这个公园里面有一个小池塘，池塘里有许多小生物，乌龟、小鱼、小虾。我想水里肯定还有一些昆虫，仔细一找，还真发现有蜻蜓幼虫。这就是说，这附近一定有成体蜻蜓。

我刚把头抬起来，就发现一只很小的蜻蜓飞了过去。我看清楚后才发现，这不是蜻蜓，而是一只豆娘。很多人分不清豆娘与蜻蜓。豆娘的体形小巧纤细，而蜻蜓的体形强壮健硕。还有一个比较好的区分方法是：蜻蜓在停息时会把翅展开，而豆娘在停息时会把翅合上。

我很小心地抓住了这只豆娘，把它放在了盒子里，认真地观察着这只婀娜多姿的小精灵。但我突然想起了豆娘是益虫，就有点不情愿地打开了盒子的盖子，让这只小精灵飞走了。

**档案信息**

**中文名** 豆娘
**拉丁名** Zygoptera

**门** 节肢动物门
**纲** 昆虫纲
**目** 蜻蜓目（均翅亚目）

**分布区域**
全球性广泛分布

**虫子说**

我们豆娘和蜻蜓是亲戚，长得很像，所以很容易被混淆，不过只要你仔细观察，就很容易区分我们了，我们体形婀娜优美，体色丰富多彩，很受人们欢迎。我们对生活环境的水质要求较高，如果一个地方大量出现我们的身影，就说明这里的水质好。我们是天然的环境指标器。

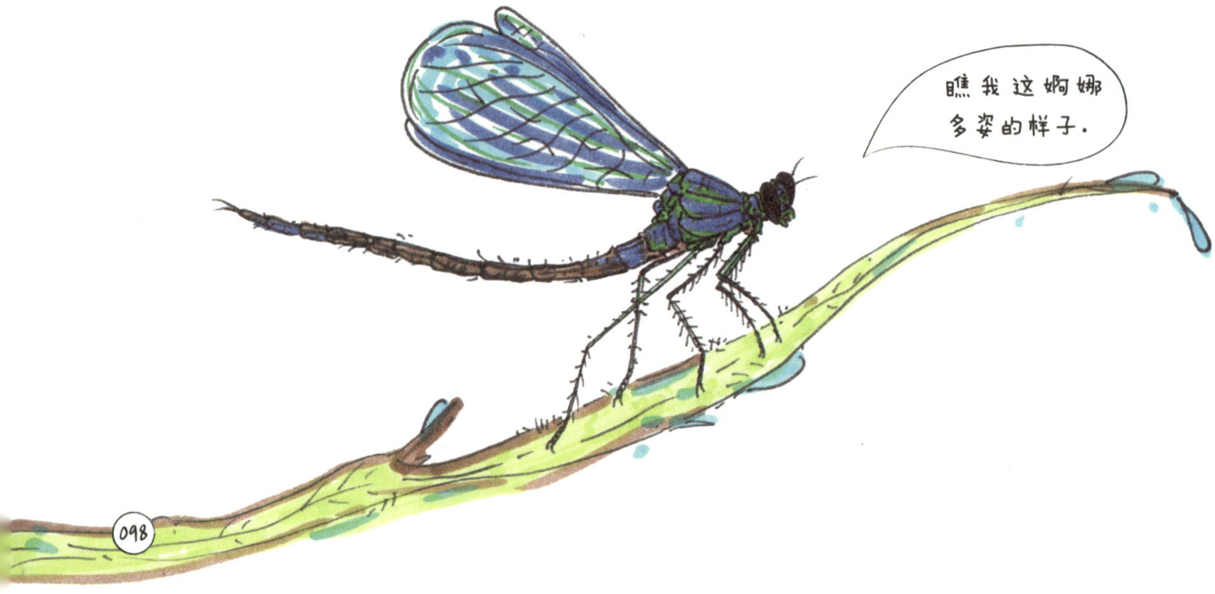

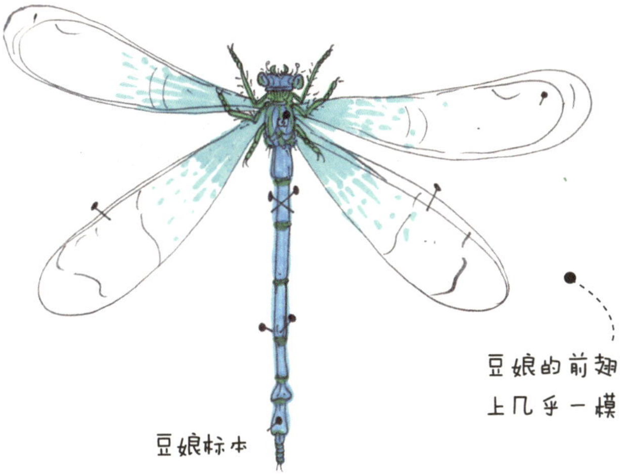


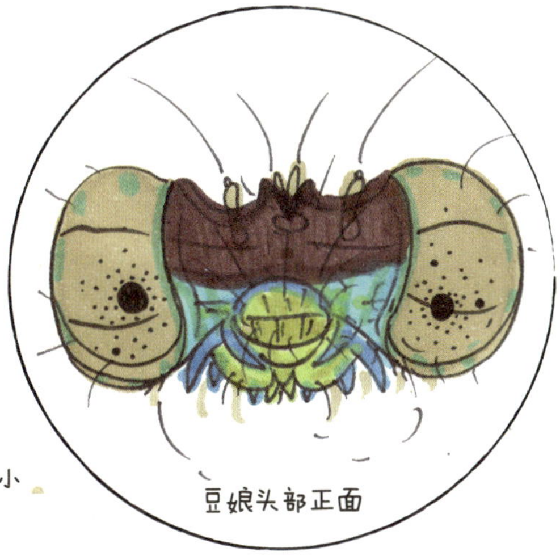

豆娘和蜻蜓长得很像，但是仔细观察，它们之间区别还是很大的。在体型上，豆娘要小很多，而且身形更加纤细苗条，尤其是腹部不但细长，而且可以灵活地弯曲。

比起蜻蜓颜色较单一的翅，很多豆娘的翅的颜色简直可以说是丰富多彩。

豆娘和蜻蜓真是一对好亲戚，它们的稚虫长得也很像，蜻蜓稚虫身体粗壮，腹部末端没有尾鳃；豆娘的稚虫身体纤细，腹部末端有三片尾鳃。

豆娘稚虫倒立在水中，将尾鳃探出水面进行呼吸。尾鳃不仅是豆娘稚虫的呼吸器，也是它的加速器，当遇到危险时，摆动尾鳃可以让它们快速逃离。

豆娘的复眼非常发达，比起蜻蜓的有过之无不及。蜻蜓两只复眼之间几乎没有间距，而豆娘的复眼向头两侧突出，之间距离很大，整个头部就像一个哑铃。

豆娘的飞行能力比起蜻蜓来说就稍逊一筹，不仅飞行速度慢，还不能长时间、长距离飞行。

别看豆娘身体纤弱，一副弱不禁风的样子，它们可不是吃素的。豆娘不仅是典型的肉食性昆虫而且还是空中捕猎高手。

豆娘的成虫寿命只有几周时间，所以它们最重要的事情就是繁衍后代。

交配完成后，雌性豆娘以点水的方式将卵产在水中。

豆娘稚虫在水中孵化，并一直生活在水中直到羽化。它们生性凶猛，会捕食水中小型生物，甚至小鱼小虾也难逃它的魔爪。

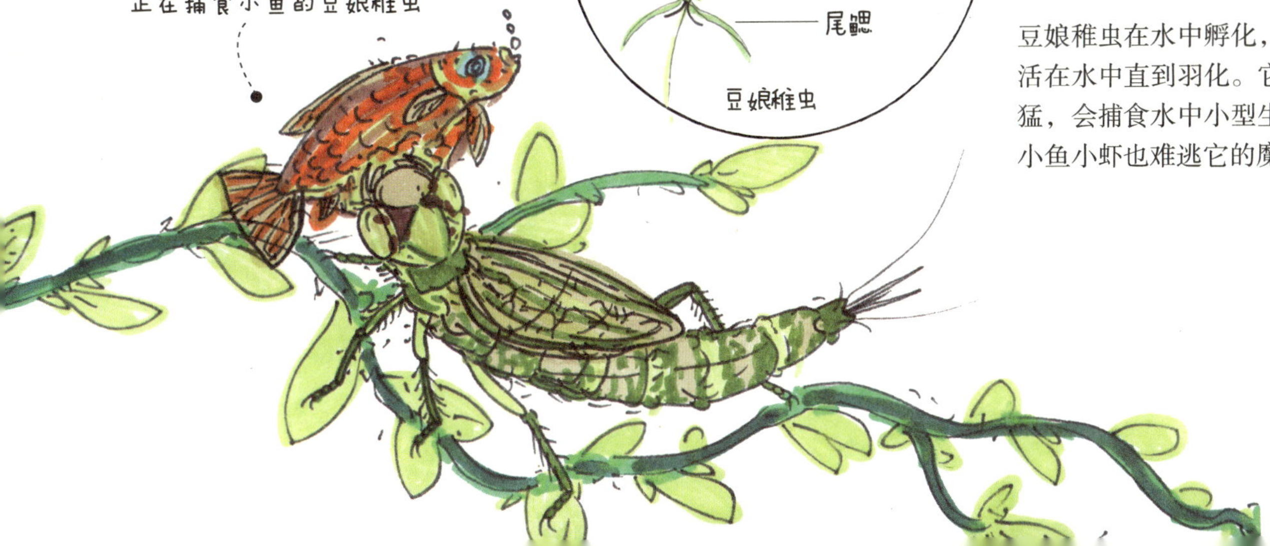

# 伪装大师——棉杆竹节虫

时间：9月2日　　天气：晴　　地点：山中

今天我发现了一只特别好玩儿的虫子，一开始它趴在树枝间一动不动，差点骗过我，但是它一动就暴露了自己。相信很多人都知道这种昆虫——竹节虫，它们长得像竹竿或树枝，当它们安静地待在树上时，就活脱脱的像一根树枝。它们这种拟态行为主要是为了迷惑捕食者们，会让捕食者分不清哪里是食物，哪里是树枝，这就是它们最厉害的本领。

有些竹节虫是有翅的，可以飞，就像我发现的这只棉杆竹节虫。有些竹节虫的翅很短小，不能飞，甚至还有些翅已经完全退化。

**档案信息**

**中文名** 棉杆竹节虫
**拉丁名** *Sipyloidea sipylis*

**门** 节肢动物门
**纲** 昆虫纲
**目** 竹节虫目
**科** 异竹节虫科
**属** 杆竹节虫属

**分布区域**
热带、亚热带广泛分布

**虫子说**

我们竹节虫算是世界上最长的昆虫了吧，别看我们样子奇怪，我们可是实打实的昆虫家族的成员。我们也和很多其他昆虫一样，是不完全变态动物，从若虫到成虫要蜕皮六七次，每次蜕皮对我们来说都非常危险。

我发现的这只竹节虫大概有20厘米长，全身棕褐色，身体和腿都是又细又长。

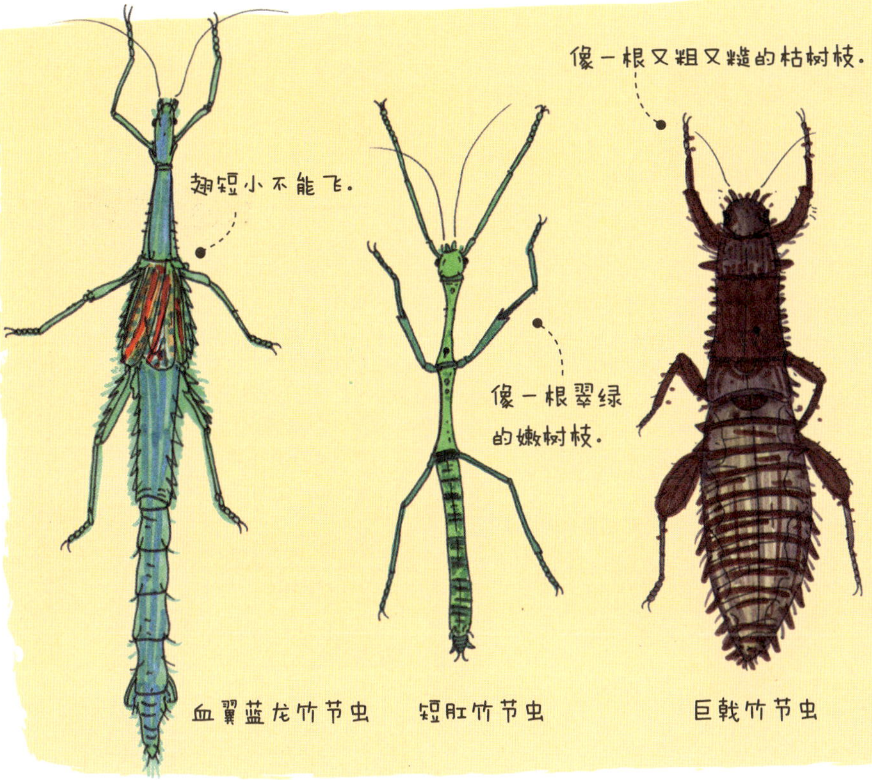


**目前世界上大约有2000种竹节虫，大部分栖息在热带和亚热带地区**

无论哪种竹节虫，它们的性情相对都比较温和，最擅长拟态各种新鲜的或者干枯的树枝，它们是昆虫界低调的“隐者”。

棉杆竹节虫行动缓慢，绝对是昆虫界的“慢性子”，当它静止不动时会伪装成树枝，即便行走时也是摇摇晃晃模拟风中摇曳的树枝。

竹节虫身体修长是因为它们的胸部比其他昆虫要长很多，它们的胸部分为三节，前胸节稍短，中胸节和后胸节很长，六条腿分别长在三个胸节上，所以它们的腿看起来相互之间离的很远。

竹节虫可不只会傻傻地模拟枯树枝，当它真正遇到天敌攻击时会快速从树枝上掉落下来装死，甚至会自断腿脚以求逃过一劫，而断掉的腿会重新长出来。

棉杆竹节虫是可以孤雌繁殖的虫子，未受精的卵孵化出来的全部是雌虫，所以雄性棉杆竹节虫数量很少。

棉杆竹节虫的体色可以随着光线的明暗变化，白天体色较浅，晚上体色会逐渐变深。这也可能和温度有关，温度变化时，竹节虫的体色也会变化。

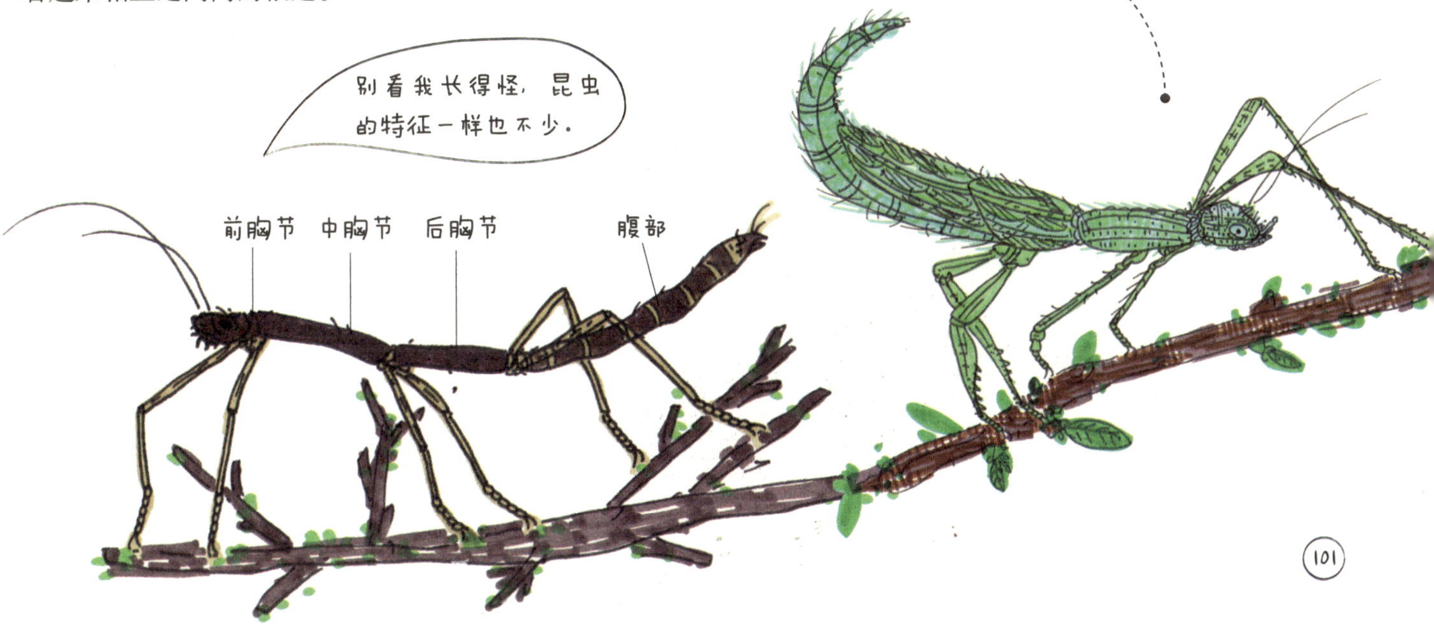

# 角上长嘴的棕榈象甲

时间：9月10日　　天气：晴　　地点：公园

“子昂！”我回头一看，是泽平在叫我，我赶紧跑过去，发现他手里抓着一只棕榈象甲。这可把我高兴坏了，因为这只棕榈象甲的个头着实不小。就像所有的象甲一样，这只象甲的脑袋上也有一个长长的角，叫作喙，喙的末端是它们的嘴，长长的喙很像大象的长鼻子，这也是象甲名字的由来。它们会把又长又尖的喙插入树干里去吸食里面的汁液，在每年的产卵期，它们还会用这长长的喙在树干上捅出一个小洞来，然后把卵产进去。

我们把这只棕榈象甲放到一个小盒子里。它在里面一直飞来飞去，就像个无头苍蝇似的。不过等它飞累了就安静下来了。我们把它拿出来仔细观察时，发现它身上有好多小小的、白白的小虫子，这应该是一种甲虫螨，这种甲虫螨对人类没什么危害，对甲虫也没有什么影响。这种甲虫螨会把甲虫当作交通工具，甲虫去哪儿它们就去哪儿，能在地上跑，也能在树上爬，还能在天上飞，就是不能在水里游。我觉得甲虫螨肯定也不喜欢在水里游吧！

**档案信息**

**中文名** 棕榈象甲
**拉丁名**
*Rhynchophorus ferrugineus*

**门** 节肢动物门
**纲** 昆虫纲
**目** 鞘翅目
**科** 象虫科
**属** 棕榈象属

**分布区域**
中国南部、东南亚、欧洲南部

**虫子说**

我们棕榈象甲最喜欢生活在油棕树、糖棕树、椰子树和甘蔗等植物上，由于我们体表呈红棕色，所以我们又被叫作红棕象甲。

这个特别小的家伙就是甲虫螨，它吃、住、行都在甲虫身上，但是对甲虫并没有危害。

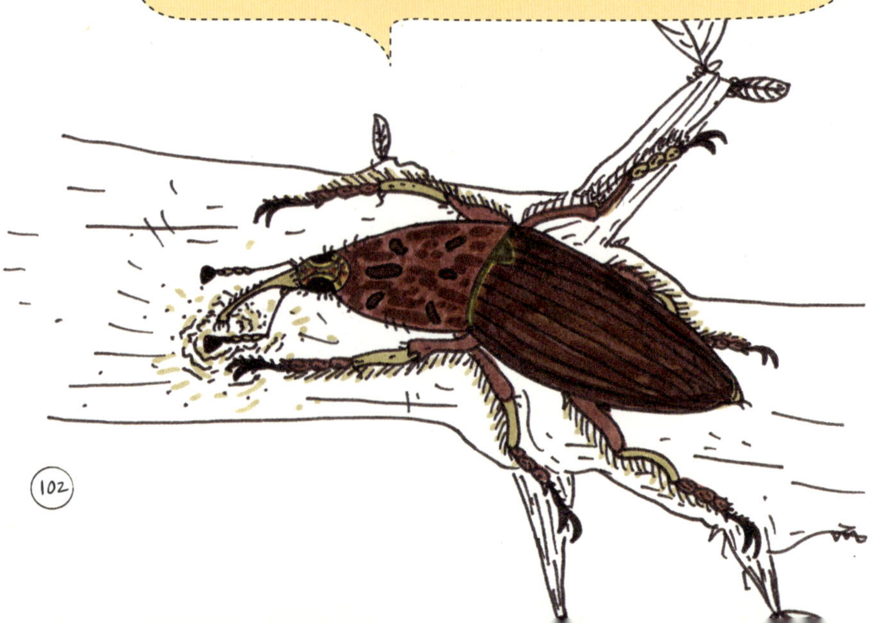

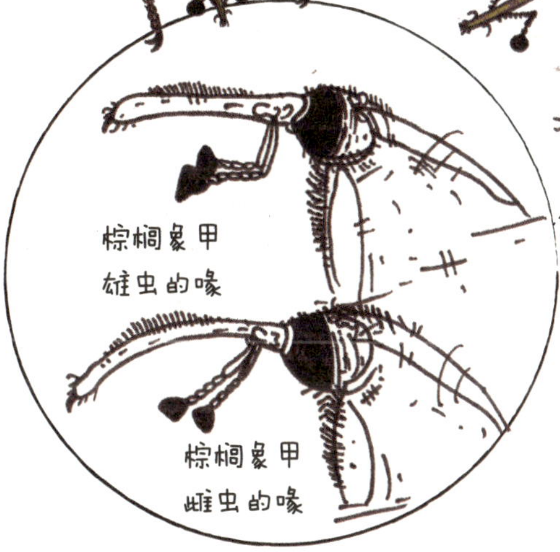


棕榈象甲雄虫的喙虽然短一些，但是比较粗和直。而雌虫的喙较细长且弯曲。它们的喙像锋利的吸管一样，可以插入树皮中吸食汁液。

棕榈象甲的触角长在喙根部的两侧，触角的末端有一个比较大的像吸盘一样的突起。棕榈象甲总是不停地挥动着触角，就像探测仪一样搜寻着可口的食物。

棕榈象甲的幼虫和成虫对棕榈类、椰子类植物危害极大。

这只棕榈象甲的个头大概有30毫米，除了它独特的长嘴，最突出的特点就是它胸甲上那六个深色的斑点。此外，它背甲上的纵脉也非常地密集明显。

棕榈象甲有个亲戚是大竹象甲。大竹象甲最明显的特点就是雄虫的前足比雌虫的要长很多。

大竹象甲雄虫的前足第一节上长了一排毛茸茸的长毛，叫作性梳。大竹象甲在交配时，雌虫很容易受到惊吓，雄虫会用性梳温柔地安抚雌虫，真是幸福美满呀。

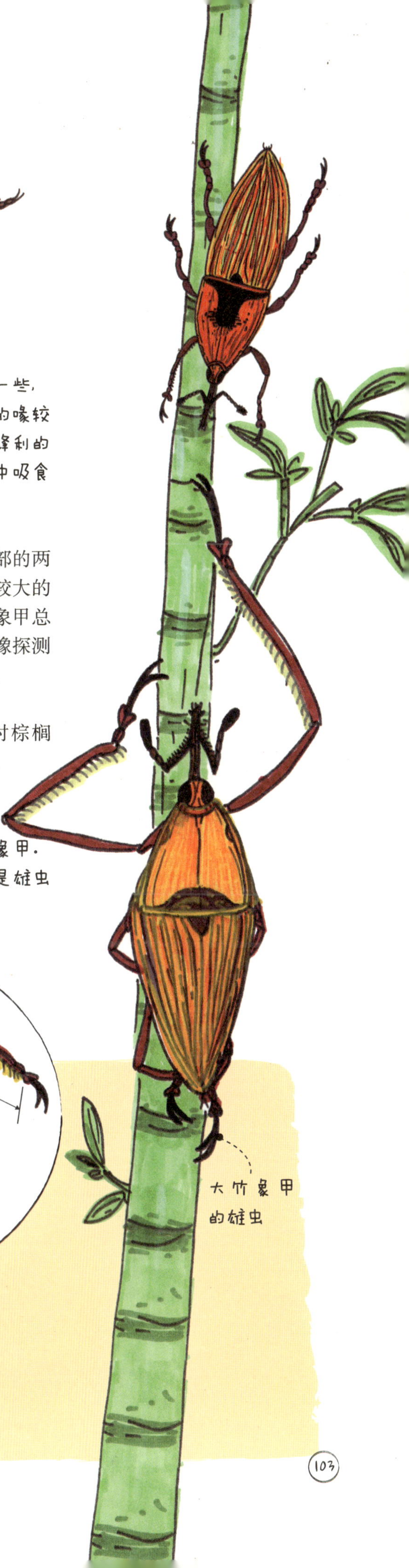


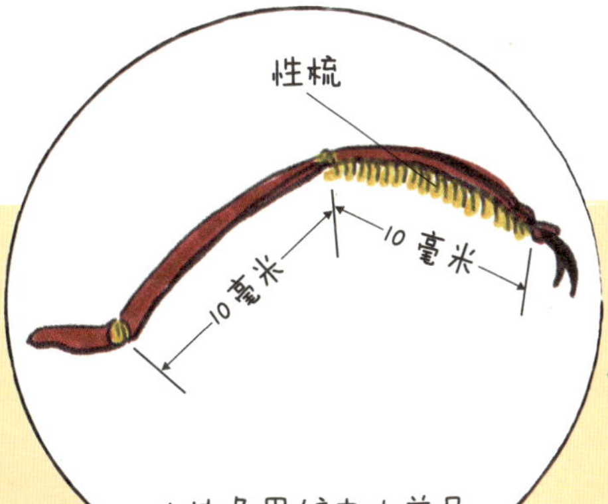

大竹象甲雄虫的前足

# 不结蛛网的伏击高手——绿蟹蛛

时间：9月11日　　天气：多云　　地点：放学的路上

今天放学回家的路上，我在一面墙上发现了一只蟹蛛。这只蟹蛛非常与众不同，因为它是翠绿色的，身体还呈半透明状，腹部有两条黄色的条纹。它是一只绿蟹蛛，如果它趴在草丛里，我还真不容易发现它。

绿蟹蛛大量地出现在五六月间，正是植物发芽的时候，所以这种蟹蛛的身体也呈绿色，能更好地隐藏自己，保护自己。

我在草丛中抓了一只小飞蛾，放在绿蟹蛛面前。那傻傻的小飞蛾还真把绿蟹蛛当成了一片叶子。但是绿蟹蛛可不管那么多，三两下就把这可怜的小飞蛾抓到了。小飞蛾一定很疑惑：“我是怎么成了别人的盘中餐的呢？”

**档案信息**

**中文名** 绿蟹蛛
**拉丁名** *Oxytate,sp.*

**门** 节肢动物门
**纲** 蛛形纲
**目** 蜘蛛目
**科** 蟹蛛科
**属** 绿蟹蛛属

**分布区域**
东亚、东南亚广泛分布

**虫子说**

我们绿蟹蛛在蟹蛛科中算是大个头，我们活着的时候身体翠绿，色彩鲜艳，甚至会呈半透明状，但是，一旦我们死去，身体就会变得暗淡无色。

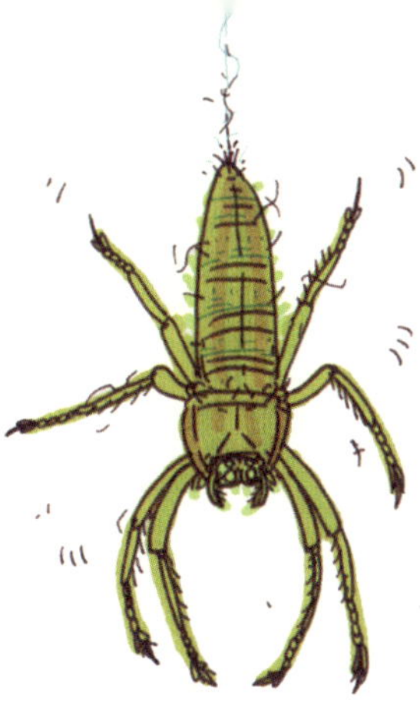

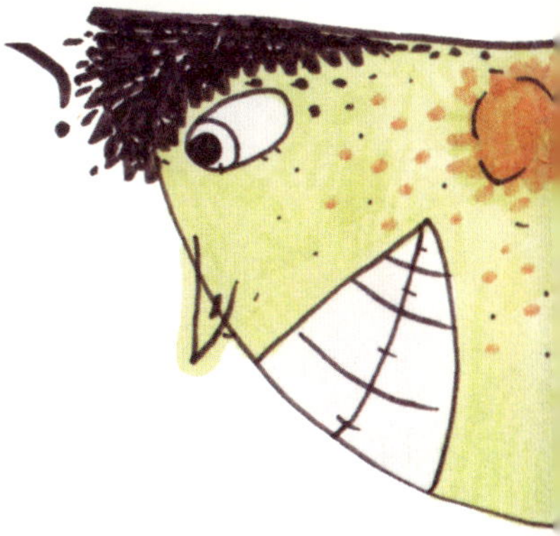

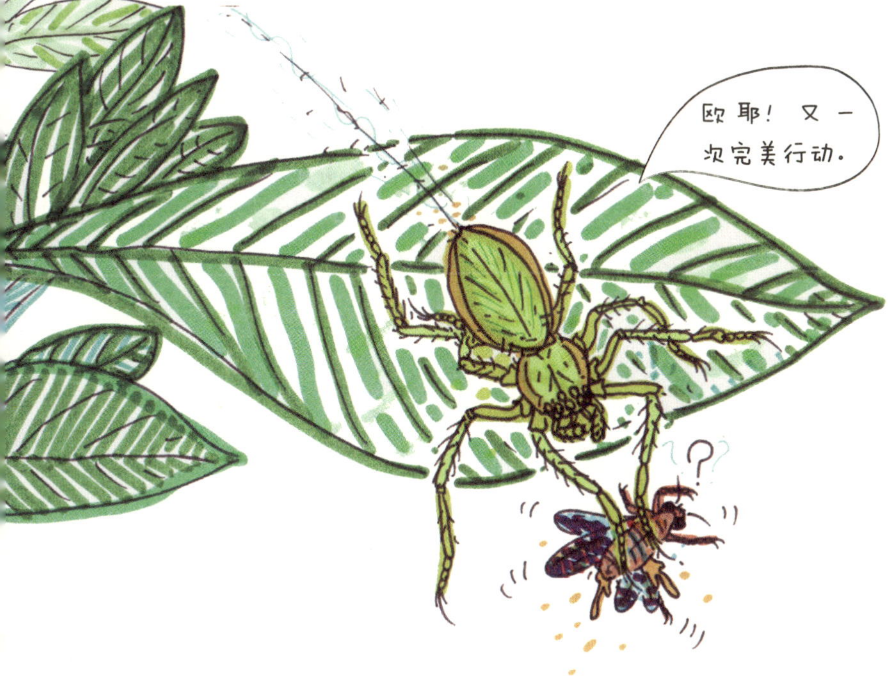


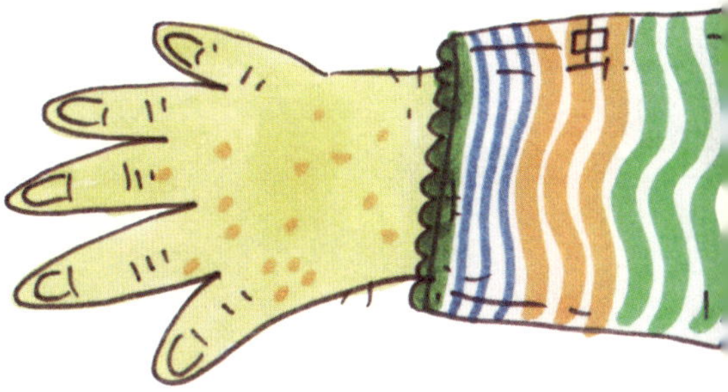

绿蟹蛛体型不大，体长一般在10毫米左右，还没有指甲盖大呢，但是在蜘蛛家族中也算是中等身材了。

绿蟹蛛的胸部结构比较宽大，腹部略细长一些，比起其他种类的蜘蛛，绿蟹蛛的腿长和身长非常接近，也就是说它的腿看起来相对比较短，整个体形很像螃蟹。

绿蟹蛛整个身体都是碧绿色的，看上去还有一点透明，四条腿的末端关节有一点橘色，显得挺好看。仔细观察，它的四肢上布满了纤细的刚毛。绿蟹蛛可以通过腿上的刚毛感知周围环境的状况。

绿蟹蛛不是依靠结网捕食的，它们静静地躲藏在花草丛的隐蔽处，突袭过往的昆虫。它们屡屡得手，这可能要归功于它们的耐性和伪装色。

当绿蟹蛛安静地埋伏在草丛中，它的体色几乎和草丛融为一体。猎物一旦进入绿蟹蛛的攻击范围，就连超级机敏的蝇类也难逃其手。

伏击成功后，绿蟹蛛会快速将毒液通过螯足注入猎物体内。不一会儿，挣扎的猎物就气息全无了。一顿饕餮大餐开始了。

绿蟹蛛是一种微毒性蜘蛛，它的毒液只能麻痹捕获的猎物，对我们人类几乎没有危害。

绿蟹蛛虽然不结网，但会吐丝。它的蛛丝不是捕猎的武器，而是它出行的交通工具。它会吐出长长的蛛丝将自己挂在树枝上，风一吹，就像荡秋千一样，把自己送到另一根树枝上。

绿蟹蛛还会用蛛丝包裹它的卵，给刚刚出生的卵穿上一件既温暖又安全的防护服。

# 挥舞着“剪刀”的蠼螋

时间：9月13日　　天气：晴　　地点：上学的路上

档案信息

中文名 蠼螋
拉丁名 Labiduridae

门 节肢动物门
纲 昆虫纲
目 革翅目
科 蠼螋科

分布区域
热带、亚热带地区均有广泛分布

今天我在一面石墙上发现一只蠼螋（qú sōu），它身体呈红棕色，头部是深红色的。它的个头不算大，但是看着挺厉害的，因为它腹部像剪刀一样的尾铗（jiá）实在让人怕它三分。不过这只蠼螋应该是只雌性的，尾铗并不大，夹人应该也不疼，如果是雄性蠼螋的话，那我就一点儿也不敢抓它了。

蠼螋一般喜欢在夜间活动，白天则躲藏在阴凉的树皮缝、石头下，因此很多人都以为蠼螋没有翅。最初我也是这样想的，但是自从抓到它，才发现蠼螋虽然前翅非常小，但后翅非常大。那为什么我们看不到它的后翅呢？这是因为它的后翅可以反复折叠，在不飞行的时候，后翅就像折叠了好几层的衣服一样藏在前翅里面，只有在飞行的时候，它宽大的后翅才会展开。

虫子说

我们蠼螋是少有的会照顾虫卵和幼虫的昆虫。雌虫在巢穴中产卵后会定期舔舐虫卵，防止虫卵发霉，并保护虫卵不受掠食者攻击，甚至在虫卵孵化出幼虫后还会进行喂食。模范母亲的称号非我们蠼螋莫属。

蠼螋整个身体是扁平状的，头部相对比较大，胸甲发达，腹部较长且有灵活的体节，能自由伸缩弯曲，胸部的前翅小得可怜，但是尾端上巨大的尾铗是蠼螋标志性的装备。

在昆虫界，蠼螋应该是最容易识别的昆虫之一了。最大的特点就是它们腹部上像剪刀一样硕大的尾铗，当你看到一只腹部上拖着大剪刀的虫子，那一定是蠼螋无疑了。

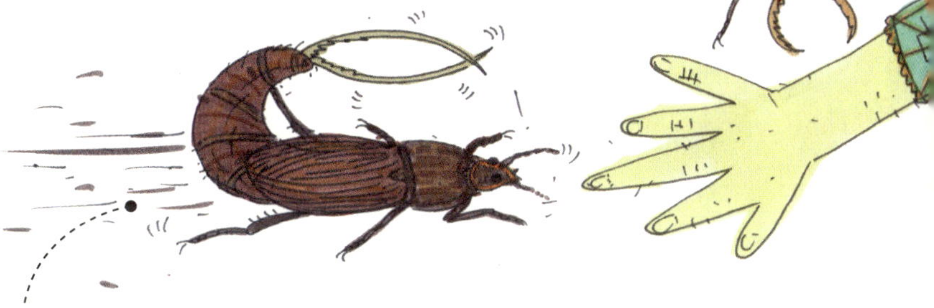

蠼螋自由伸缩弯曲的腹部能更好地发挥它的“剪刀功”.

蠼螋的尾铗是经过尾巴上的尾须特殊进化而来的，雄虫的尾铗较大而弯曲，雌虫略小且平直一些.

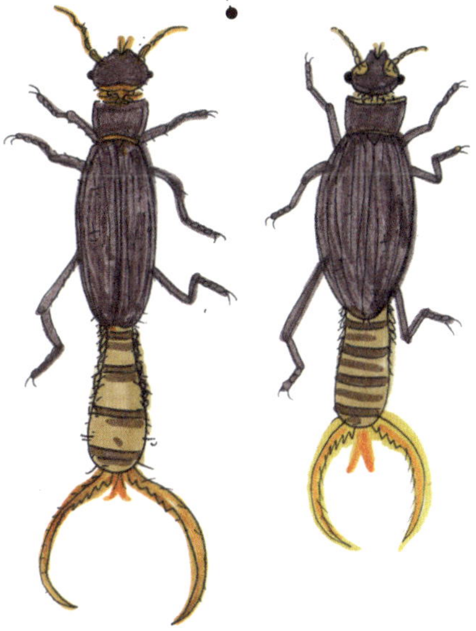


蠼螋喜欢温热潮湿的环境，除啃食植物外，还喜欢捕食小虫子，甚至喜欢吃动物尸体的残余物。通常在枯树皮缝、腐朽木中、落叶堆下都能发现它的踪迹。

我们经常在家中的卫生间、厨房看到蠼螋，这些地方的下水道对于蠼螋来说就是顶级豪宅。

日照强烈的白天很难发现蠼螋，阴天和夜晚才是它们的欢乐时光。

大部分蠼螋的体色是红棕色或黑棕色的，和很多昆虫不同的是，蠼螋只有复眼没有单眼，复眼也不发达。或许在它生活的环境中并不需要好视力。

视力不好不要紧，蠼螋的触角是一对非常灵敏的探测器，不停地挥动着，感知身边发生的一切。

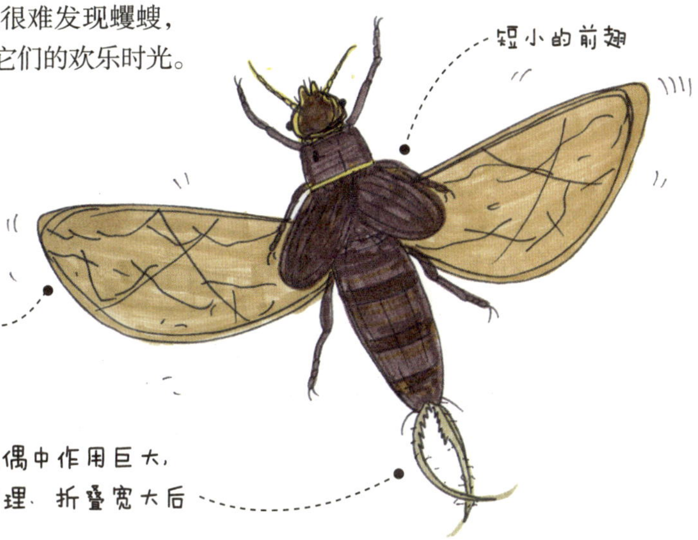


除了在战斗和求偶中作用巨大，尾铗还是蠼螋整理、折叠宽大后翅的得力工具.

蠼螋的尾铗可不是徒有其表，不仅是御敌进攻的制胜武器，更是它的颜值担当。雌虫往往钟情于尾铗更大的雄虫，一旦它们情定终生就会同穴而居。

即便有强大的进攻武器，蠼螋也懂得进退结合的道理，装死就是最好的退守方式，一旦演技骗不了敌人，就会立即喷出臭气，趁敌人不备便逃之夭夭。

别以为蠼螋拥有短而小的前翅就没有飞行能力，其实前翅下面暗藏玄机，大而宽阔的半圆形后翅会折叠好几层并隐藏在前翅下方。

# “大腹便便”的大腹园蛛

时间：9月16日　　天气：晴　　地点：郊外树林

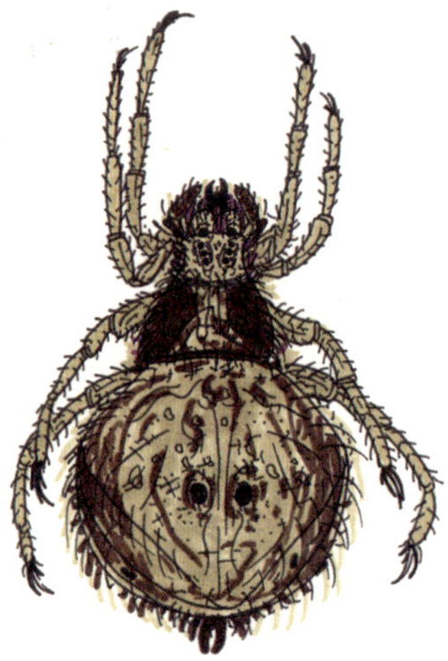

今天我和几个小伙伴来到一片小树林，走着走着，突然发现一个特别大的蜘蛛网。我们都很好奇这是什么蜘蛛的网，于是想了一个办法，就是用食物引诱它。我们抓了一只小蚂蚱放到了蛛网上，希望能把这只蜘蛛引出来。

小蚂蚱在蛛网上不停地挣扎。紧接着一只大蜘蛛从旁边的草丛里爬了上来，迅速地把蚂蚱抓住了。啊！是大腹园蛛，身体呈棕黑色，腹部特别大，还长着又细又长的八条腿，仔细观察，会发现它头上还有八只眼，两个大螯牙强劲有力，看起来真有些恐怖。它在蛛网上行动迅速，还没等猎物反应过来，就将这意外收获一招毙命了。

很快，这只大腹园蛛就享用完美味的猎物，然后躲回到原来的藏身之所了。

**档案信息**

**中文名** 大腹园蛛
**拉丁名**
*Araneus ventricosus*

**门** 节肢动物门
**纲** 蛛形纲
**目** 蜘蛛目
**科** 园蛛科
**属** 园蛛属

**分布区域**
东亚、东南亚广泛分布

**虫子说**

我们大腹园蛛有个习惯，就是喜欢在傍晚吃东西。如果白天哪个不幸的小虫落到我们布置的天罗地网中，我们会先把它用蛛网包裹起来存放在蛛网中间，等到傍晚来临我们再慢慢享用。吃不完的食物，我们还会储存起来，下次再吃。

躲藏在枯枝败叶中的大腹园蛛，随时准备出击.

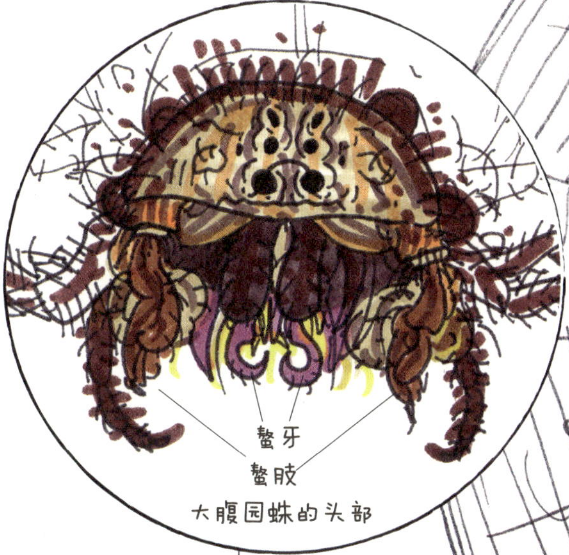


大腹园蛛头前部有一对螯肢，可以配合螯牙撕碎食物。大腹园蛛一共有四对眼睛，头顶有两对，两边额角各有一对，都是呈上下两行排列。也算是名副其实的多眼怪吧。

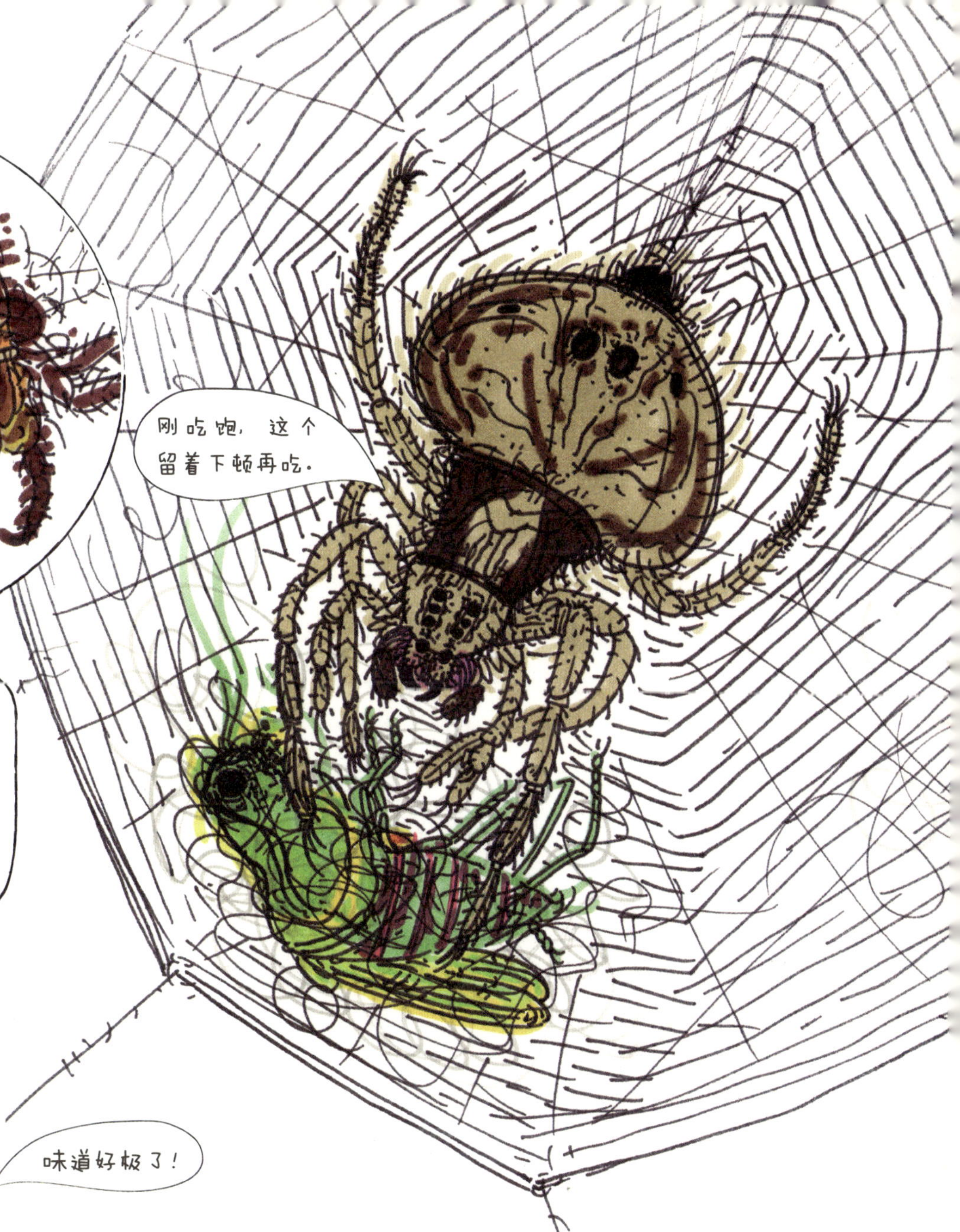

每次发现大腹园蛛，我就会想起《夏洛的网》里面的那只生活在马厩里的大蜘蛛，我觉得它应该就是一只大腹园蛛。

这只大腹园蛛体长约 17 毫米，腿看起来比较长，应该是一只雄蛛。因为大腹园蛛的雌蛛体长更长，腿要短些，看起来更胖一些。

大腹园蛛最吸引人的就是它那巨大的肚子。肚子正面两边各有一条波浪状黑线，中间有两个明显的斑点。

大腹园蛛是生活中非常常见的一种蜘蛛，喜欢在屋檐下、篱笆上、田间地头的树林间结网捕猎，它结的网呈圆形而且比较大。它白天躲在网附近的缝隙或草丛中，一旦有猎物落入网中，它会迅速出击。

虽然大腹园蛛眼睛多，但是它的视力并不好，需要靠感应丝通过网的振动判断捕猎是否成功。

大腹园蛛具有一定的毒性，尖利的螯牙能轻松刺穿猎物的皮肤，足以麻痹送上门的猎物，等猎物动弹不得，就可以饱餐一顿了。

大腹园蛛很爱干净，每次捕猎完成或是吃完东西后，都会及时把网清理得干干净净，而且只要有空它就会及时修补破损的网，使其保持完美状态，等待下一次猎物自投罗网。

# 夜幕中的“歌手”——蟋蟀

时间：9月23日　　天气：晴　　地点：社区公园

今天吃完晚饭，我和妈妈去了离家不太远的一个公园散步。这个公园虽然不大，但是我玩得很开心，一会儿荡秋千，一会儿和妈妈玩跷跷板，一会儿和小伙伴踢足球……

准备回家的时候，我在一片草地的边缘地带发现一些拱起的土堆，土堆旁有一些小洞，我猜想这一定是某种小昆虫的洞府。我想一探究竟，于是就守在洞边，可是等了很长时间也不见洞口有什么动静。心急的我拔了一根又细又长的草，把草顺着洞口伸了进去，直到整根草快没进洞中，才把草慢慢拉了出来，随后一只被惊扰的小昆虫就爬了出来。哦，原来是一只蟋蟀。蟋蟀就是我们平时所说的蛐蛐，夏秋季节太阳落山后就能听到它们在草丛中“引吭高歌”。也许这只蟋蟀唱歌唱累了正躲在土洞里休息。

蟋蟀很好养，什么都吃，而且可以养起来斗蛐蛐玩儿。

**档案信息**

**中文名** 蟋蟀
**拉丁名** Gryllidae

**门** 节肢动物门
**纲** 昆虫纲
**目** 直翅目
**科** 蟋蟀科

**分布区域**
除南极洲外全球广泛分布

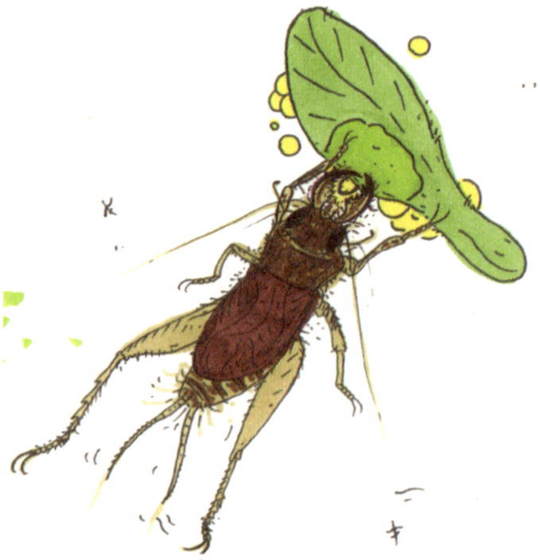

**虫子说**

我们蟋蟀是一类非常古老的昆虫，至少在地球上生活了1.5亿年了。雄虫不但鸣声清脆悦耳，而且生性好斗，人们因此发明了消遣娱乐的游戏——斗蛐蛐。我们在秋季时最为常见，因此也被人们称为秋虫。据说，甲骨文的“秋”字就是按照我们的外形造出来的。

蟋蟀属于中小型昆虫，体长在30毫米以上。蟋蟀头部较圆，胸甲宽大，腹部圆胖，翅不能将腹部全部遮盖。头上部两侧有较大的复眼，头顶有三只单眼，有一对比身体还要长很多的丝状触角，晃来晃去，显得非常灵动。

蟋蟀具有发达的上颚，善咬斗。前四足为爬行足，后两足为跳跃足，后足第一胫节宽大健壮，第二胫节矫健有力，两侧排列有多个锋利的齿钩，后足既善于跳跃又是防御外敌的武器。

蟋蟀非常明显的一个特点就是雄虫和雌虫腹部末端都有一对长长的尾丝，而雌虫的产卵器又很发达，像矛一样延伸在腹部末端中央，所以蟋蟀雄虫和雌虫很容易分辨。

蟋蟀前翅为革质，后翅为膜质，后翅的飞行能力退化，不能长距离飞行。雄虫的翅明显比雌虫大，而且只有雄虫双翅上有发音器，能发出不同声调的声音。

蟋蟀雄虫在鸣叫时，会举起前翅互相摩擦，右前翅上锯齿状的音锉（cuò）和左前翅上像刀一样的刮器相互摩擦就发出了悦耳的声音。

蟋蟀是杂食性昆虫，几乎什么都吃，主要以植物鲜嫩的根、茎、叶为食，也吃昆虫尸体。它们对植物幼苗破坏严重。

蟋蟀生性孤僻，喜欢独居生活，尤其是雄虫，不仅有很强的领地意识，还会为了争夺雌虫而大打出手。两只雄虫一旦见面就得打斗一番，直到一方丢兵弃甲落荒而逃。

蟋蟀喜欢穴居，善于掘洞，阴凉湿润的草地、石块、灌木丛下面都是它们很好的安家场所。

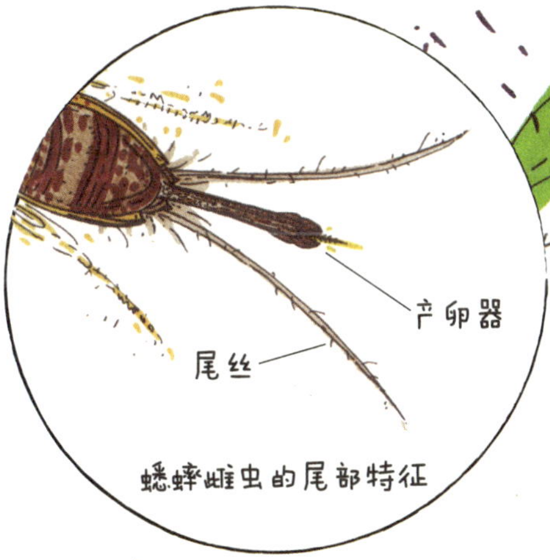

蟋蟀雌虫的尾部特征

蟋蟀不喜欢阳光，燥热的正午，它们会躲在洞穴中休息，傍晚时分才开始活跃，或觅食，或求偶，或来一场殊死搏斗。

蟋蟀在气温为20℃左右的时候鸣叫得最欢，它们通过发出不同的音调和频率的声音，来表达不同的意思。洪亮急促的声音可能是在警告另一只侵犯其领地的雄虫。

蟋蟀前足的第二胫节上有一个小的突起，这是蟋蟀的听器，也就是它的耳朵，

蟋蟀的听器只能分辨同类的声音，雌虫通过这个耳朵来欣赏雄虫的歌声从而挑选如意郎君。

斗蛐蛐是中国传统娱乐活动.

# 对栎树情有独钟的栎实象甲

时间：9月29日　　天气：晴　　地点：雅典古罗马市集

今天我们班去野炊了。我们在大巴车里有说有笑，窗外的景色不停地变换着，不知不觉我们就来到了雅典的古罗马市集。这里是卫城脚下的一个古遗址，不但有很多的古建筑遗迹，而且绿树成荫，环境十分优美。

同学们有的在聊天，有的在大吃大喝，而我却环顾四周寻找着虫子的踪迹。突然，我被地上的一大片橡果吸引住了，我低下头来，仔细打量着掉在地上的橡果，发现几乎每一颗橡果上面都有一些小孔。当我把其中一颗橡果转个面，发现在橡果上趴着一只黄豆大小的小甲虫，正用又细又长的口器插入这颗还没成熟的橡果。我立马就认出来了，这小东西是象甲。这只象甲浑身毛茸茸的，胖乎乎的，非常可爱。

我觉得这个象甲真像一只长嘴巴小鸟，不过老师说它像匹诺曹，你们觉得呢？

到家之后我上网搜了一下，原来这种象甲叫栎实象甲。每年，栎实象甲都会爬上高高的橡树(也叫栎树)冠，但并不是去吃橡果盛宴，而是为了在还没有成熟的橡果里产下一枚宝贵的卵。

**档案信息**

**中文名** 栎实象甲
**拉丁名**
*Curculio arakawai*

**门** 节肢动物门
**纲** 昆虫纲
**目** 鞘翅目
**科** 象虫科
**属** 象虫属

**分布区域**
东亚、东南亚广泛分布

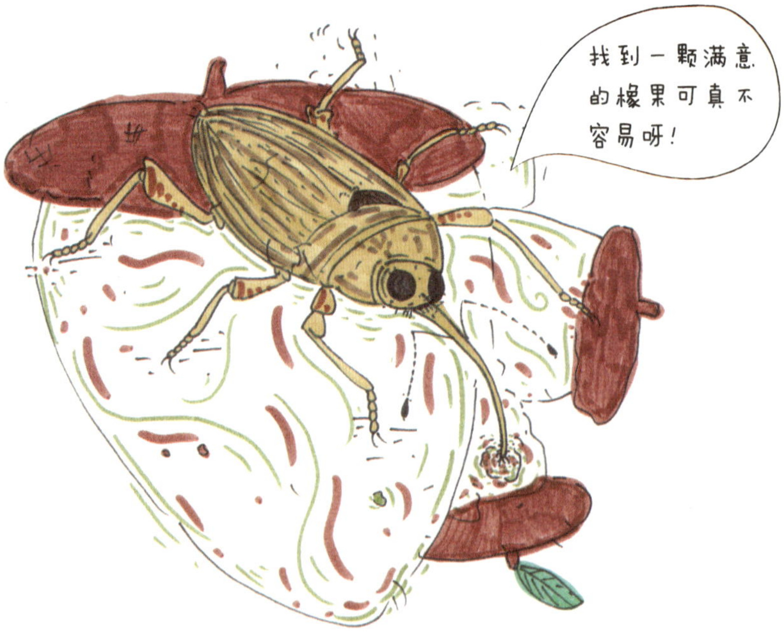


**虫子说**

我们栎实象甲的妈妈们总是喜欢爬到橡树枝头的最高处，寻找满意的果实，用电钻一样的长嘴在果实上钻一个洞，然后将一粒卵产在洞中并将洞口堵上，接着再去寻找下一个满意的果实。我们的妈妈们不是在钻洞产卵，就是在寻找可以钻洞产卵的果实的路上。

栎实象甲个头不大，最大也就10毫米，它们身体呈红棕色，全身长满了黄褐色绒毛，鞘翅上有明显的不规则斑纹，和其他象甲一样，它们也有一个长嘴巴。

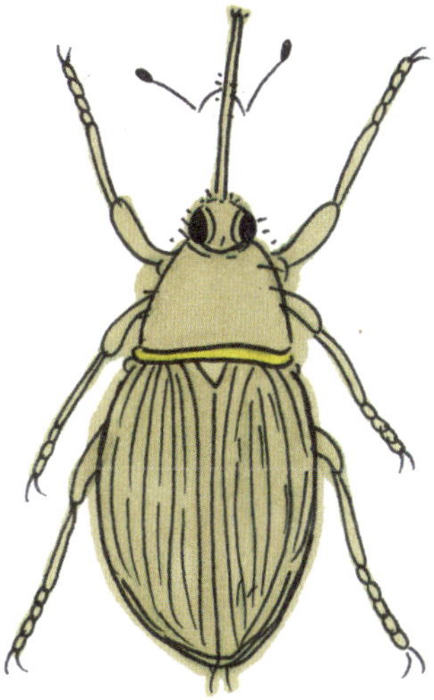

栎实象甲的幼虫体表是乳白色，体长比成虫略长一点，身体弯曲，有很多褶皱，头部红棕色或黄褐色，白白胖胖的，像个红鼻子的小胖子。

成为老熟幼虫后，它们就从安乐窝中爬出来钻进土里越冬，第二年春天再化蛹、羽化成虫。

藏在栎树果实中的卵孵化后，幼虫就取食栎树果实，经过三次蜕皮后成为老熟幼虫。

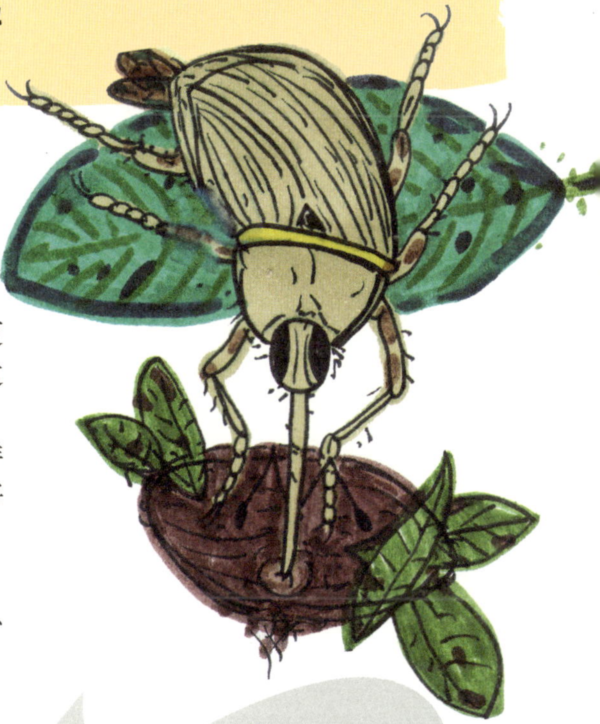

栎实象甲的长嘴巴其实是头部的延长，叫作喙，喙的末端才是它的口器，别看它个头小，要是按照比例来说，它的喙格外得长。

栎实象甲的脑袋很小，但是圆溜溜的复眼却不小，几乎占满了整个脑袋的前半部，像两颗黑豆子，炯炯有神。它的触角不是长在头顶上，而是长在喙中部两侧。

栎实象甲一般一年发生一代，有的是两年发生一代，它们成虫的寿命最长也只有一个月。

栎实象甲雌虫的喙比雄虫的更长、更细，而且更向下弯曲，这可能和雌虫产卵的方式有关系。产卵时，雌虫首先用长锥子一样的喙在栎树果实上钻洞，然后将卵产在洞里。

雄虫不用钻孔产卵，所以喙更粗、更短一些。

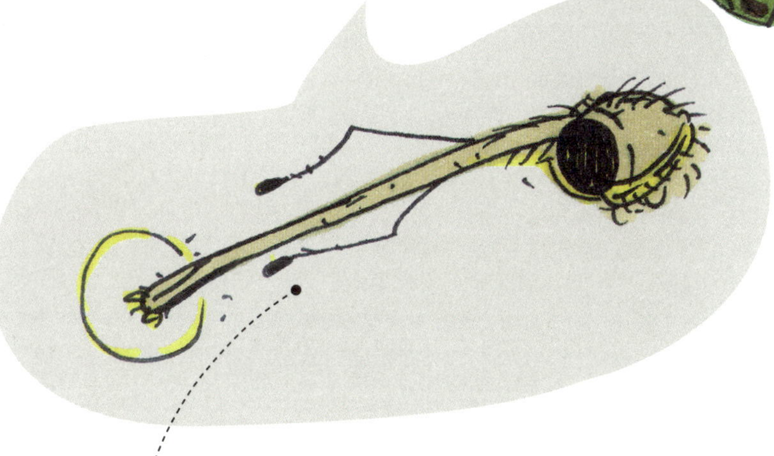

栎实象甲的触角很像一对可以折叠的探测器，触角末端像吸盘一样的突触总是不停地探索着周围的环境。

栎实象甲既没有和天敌对抗的武器，也没有躲起来的拟态本领，它遇到危险只能装死，六条腿一蹬就从树上掉下来了。

# 从不吸血的“长腿怪”——大蚊

时间：10月7日　　天气：晴　　地点：楼下花园

今天我在花园里玩皮球的时候，嗡嗡嗡，一只长着六条又长又细的腿的虫子从我眼前飞了过去。咦？这是什么？我出于好奇赶忙挥动身后的抄网，一下子就把它捕住了。我把它装进了透明的观察盒中，发现原来是只大蚊。

虽说这大蚊长得像蚊子，但其实并不是蚊子。它的腿又细又长，感觉只要轻轻一碰就会断掉。

在中国，我们经常能见到大蚊，大部分是黑灰色的。这只希腊的大蚊颜值还挺高，我猜测它是锦大蚊，黑白相间，还有一些黄色的条纹，很像蜂类。

**档案信息**

中文名 大蚊
拉丁名 Tipulidae

门 节肢动物门
纲 昆虫纲
目 双翅目
科 大蚊科

分布区域
热带、亚热带广泛分布

**虫子说**

我们大蚊虽然体型比蚊子要大很多，看起来有点恐怖，但别害怕，其实我们大蚊成虫基本上不取食，更别说吸血了。但是因为我们和吸血的蚊子长得太像了，被很多不了解情况的人误解，真是比窦娥还冤啊。

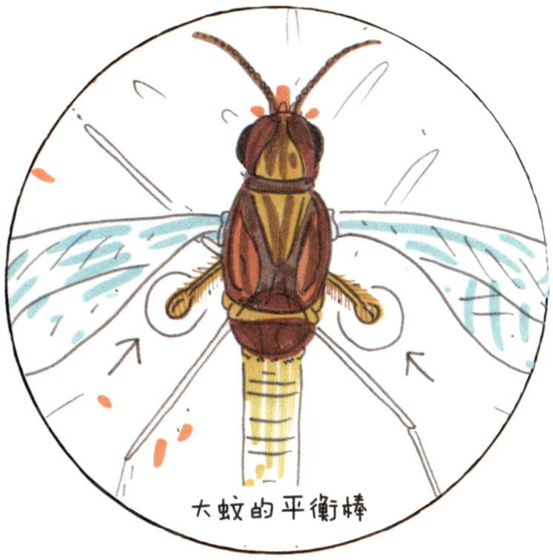


大蚊的身形细长，比蚊子要大好几倍，但是更能体现出它大的还是它的长腿，大蚊腿长大概是身长的两倍多。称它为昆虫界的长腿怪应该没人会反对。

大蚊喜欢在靠近水源的花草丛中活动。在那里，经常会看到它们张开六条长腿安静地占领整个叶片。它被抓住后会主动断掉长腿，迷惑敌人。不过在我看来，这个办法好像不是很有效。

雌性大蚊比雄性大蚊在体型上略大一些，而且腹部更胖一些。交配完成后，雄性大蚊很快就会死去。

大蚊拥有一对比较大的前翅，后翅完全退化，变成了一对平衡棒。和同是双翅目的蝇类相比，大蚊的飞行能力实在是太弱了，不仅飞行速度慢，还不能长距离飞行，飞在空中也是摇摇晃晃，如果没有那对平衡棒的帮助，估计得碰得头破血流。

大蚊的飞行能力这么差，部分原因是它的大长腿拖了后腿。

大部分大蚊的成虫寿命是非常短的，也就几天时间，它们羽化后就会抓紧一切时间完成繁衍后代的任务。

大蚊虽体大腿长，却给人弱不禁风的印象，大概是因为它们成虫的口器退化严重，只能吸食一些露水。更有一些种类的大蚊羽化成虫后就不再吃任何东西，仅靠幼虫期存储的营养维持其短暂的一生。

# 天生的“王牌飞行员”——蜻蜓

时间：10月29日　　天气：晴　　地点：花园

今天我出去玩，路过一个小喷泉，妈妈要给我拍照。我刚跑过去，竟然发现一只小绿蜻蜓正在羽化。我轻轻碰了一下它，发现它的翅湿湿的，还无法飞行。

在小喷泉里看到蜻蜓羽化并不是什么新鲜的事儿，因为它们的稚虫生活在水里。不过奇怪的是，现在马上就到冬天了，蜻蜓们应该早就羽化完了，而这只才刚刚羽化。可能因为最近几天气温异常暖和的原因吧。

**档案信息**

中文名 蜻蜓
拉丁名 Anisoptera

门 节肢动物门
纲 昆虫纲
目 蜻蜓目（差翅亚目）

分布区域
全球性广泛分布

**虫子说**

我们蜻蜓是一类非常古老的昆虫，早在3亿多年前就生活在地球上了，不过那时候我们个头很大。相比其他昆虫，人类对我们有特别的关注和研究，尤其是在力学和仿生学上，我们给人类的发明创造提供了很多启发和灵感。不过我们身上还有很多秘密，等待人类进一步探索。

蜻蜓的腿部布满了密集、锋利的钩刺。这些钩刺可以帮助它在空中捕猎时紧紧抓住猎物。

虽然蜻蜓喜欢潮湿的生活环境，但是它们也很喜欢晒太阳，因为它们体温不恒定，需要借助温暖的阳光来调节自身的体温。

蜻蜓的触角短小纤细，就像两根弯弯的刚毛，可千万不要小瞧这两根小天线，它们是蜻蜓灵敏的信号接收器。

蜻蜓身形矫健修长，胸背部肌肉发达，再加上平行于胸部上方的两对宽大的翅，简直就是为飞翔而生的。它不仅飞行速度极快，还熟练掌握平飞、侧飞、转弯甚至悬停和倒退等各种飞行技巧，能灵活切换，游刃有余。

蜻蜓的体型因品种不同差异很大，体型小的翅展有10厘米左右，而大的翅展能达到20厘米以上。

蜻蜓喜欢潮湿的环境，经常盘旋在有水源的地方，这里也是它们喜欢捕食的蚊蝇出没的地方。它们以点水的方式将卵产在水中。稚虫在羽化前一直生活在水里。

比起小得可怜的触角，蜻蜓的复眼就是超级巨大的灯泡，几乎覆盖了整个头部，每只复眼由10000—28000只小眼组成，所以蜻蜓的视力范围是360度全方位无死角，就像一个全方位监控摄像头。

蜻蜓是妥妥的无肉不欢的肉食主义者，会在空中捕食飞行的猎物。

蜻蜓头部正面

蜻蜓稚虫

# 冬

行军蚁的地下仓库储藏着足够多的越冬“物资”。

# 白蚁和行军蚁

时间：11月8日　　天气：晴　　地点：游乐园

今天我和几个小伙伴去游乐园。刚进去，一棵皂荚树映入我的眼帘，我急忙跑过去，只见一窝白蚁在树根处筑了巢。它们可是动物界的建筑大师。不信你看，它们不仅挖出了储物间、育婴室和各种通道，还用泥土把这些房间和通道盖上，以防捕食者进入，只留了出入用的洞口。

我低了低头，又发现了一窝行军蚁。它们每次去觅食的时候都会排成一队，找到食物后就散开。等回去时又排成一队，像极了去打仗的士兵。不过，和白蚁不同的是，行军蚁更喜欢在石缝里或是泥沙里筑巢。

咦？白蚁巢和行军蚁的巢离这么近，它们不会发生冲突吗？

**档案信息**

**中文名** 白蚁
**拉丁名** Termitidae

**门** 节肢动物门
**纲** 昆虫纲
**目** 蜚蠊目
**科** 白蚁科

**分布区域**
除南极洲外广泛分布，主要分布在南、北纬45°之间

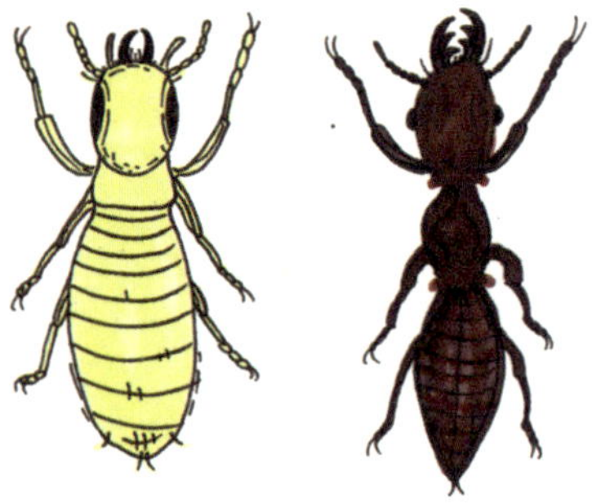

白蚁（左）和行军蚁（右）身形对比

**虫子说**

其实我们白蚁不是蚂蚁，而是蜚蠊（fěi lián）（蟑螂）的亲戚。我们白蚁古称螱（wèi），是蜚蠊目不完全变态昆虫。而行军蚁是蚁类，和蜂类同属膜翅目昆虫。

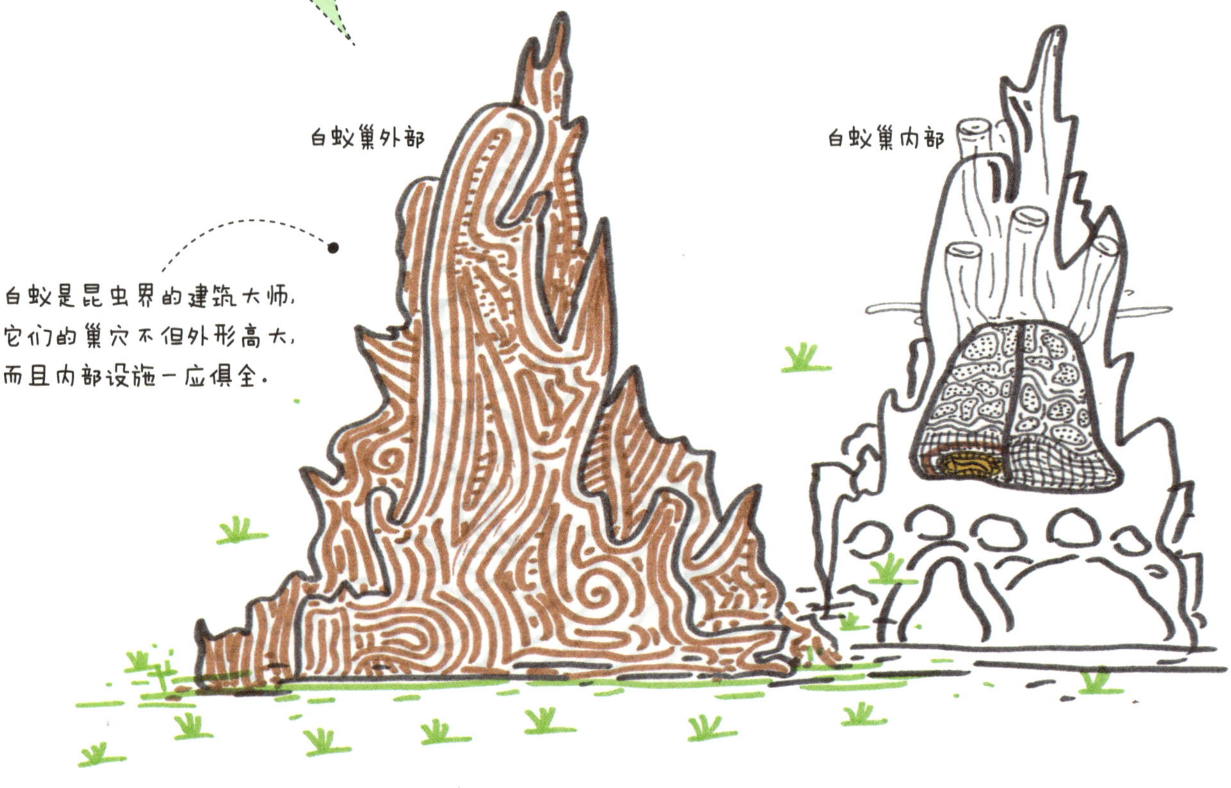

因为强大的繁殖能力，白蚁蚁后的腹部超级大，能达到100毫米左右。

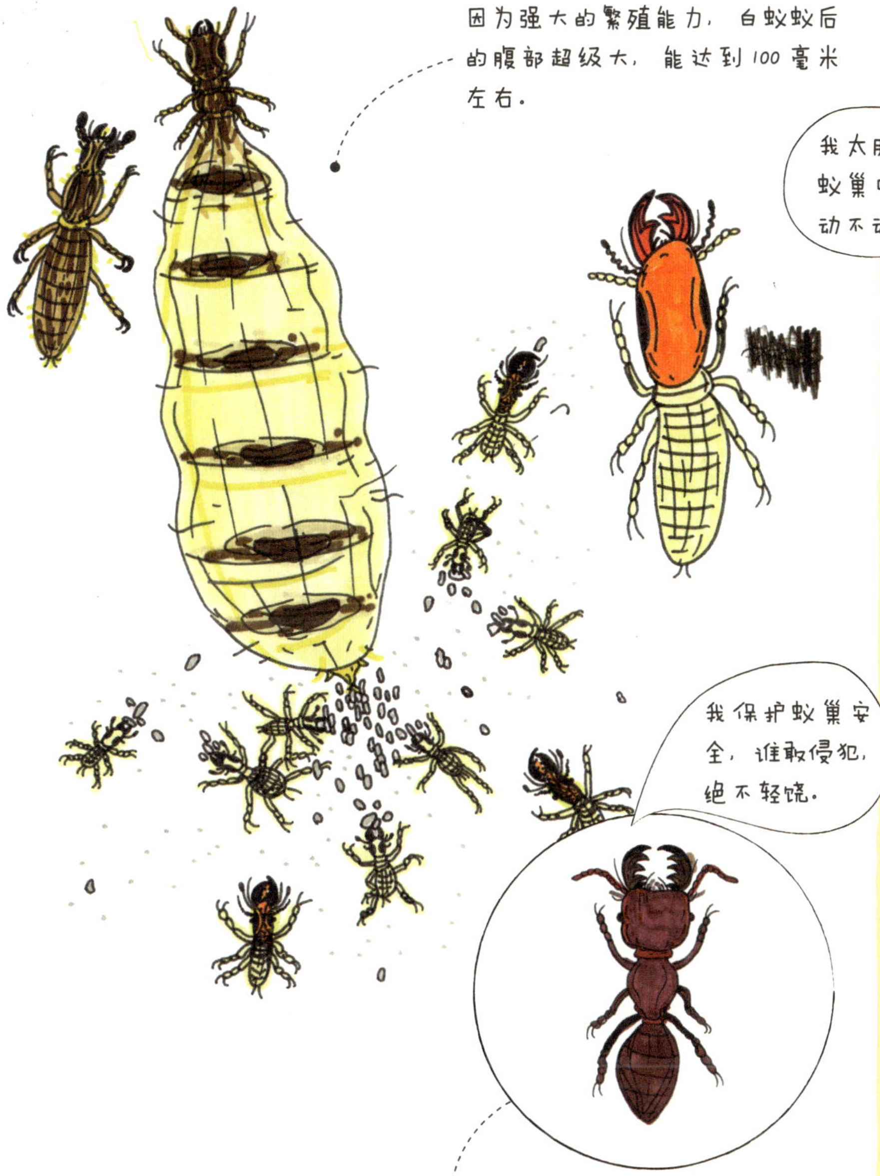


白蚁体长在几毫米到十几毫米之间，它们具有昆虫的基本特征，但是腹部很大，这也是白蚁在体形上最大的特征。大多数白蚁的体色是白色或乳白色的，这也许就是它名字的由来吧。

白蚁和行军蚁都属于高度社会性的昆虫，整个蚁群家族由繁殖蚁、兵蚁和工蚁三类组成，它们各司其职、分工协作。

大部分白蚁喜欢蛀食枯木和腐质植物，木质纤维是它们的主食，新鲜的嫩叶只是它们的配菜。

行军蚁的兵蚁拥有强大的攻击武器——发达的上颚，兵蚁的职责是抵御侵略者，保护蚁群的安全。

除了体形和颜色的差别，仔细观察会发现白蚁的触角像两串珠子，而行军蚁的触角像一双拐棍儿。

在昆虫世界中，行军蚁算是最有组织纪律的动物之一了，它们像军队一样按照一定的路线行进。

行军蚁食物庞杂，一旦发现食物，它们就会一拥而上，快速将其撕碎吃掉或搬回蚁巢。

负责繁衍后代的繁殖蚁包括蚁后和雄蚁，蚁后是一个蚁巢中的统治者。行军蚁的繁殖蚁有翅，可以飞行。

# 草丛中的“小坦克”——鼠妇

时间：11月9日　　天气：晴　　地点：路边

很多人小时候最喜欢的玩具可能是汽车模型、铁皮青蛙还有毛绒玩偶等，可是，你们知道我最喜欢的玩具是什么吗？是鼠妇。鼠妇也就是西瓜虫。记得我很小的时候，就经常翻石头、扒树皮，四处寻找鼠妇的踪迹。

今天出去散步的时候，我在马路上发现了一只鼠妇。它像个迷你坦克似的缓缓驶向前方，我把它轻轻地拿起来，那坦克瞬间就变成了导弹，一动不动地躺在我手心里。我真怕它爆炸。不一会儿，它就从那坚硬的外壳里露出了柔软的身体。我赶忙把这只鼠妇放回了旁边的荒草地里，它就慢慢地爬走了。

**档案信息**

**中文名** 鼠妇
**拉丁名**
*Armadillidium vulgare*

**门** 节肢动物门
**纲** 甲壳纲
**目** 等足目
**科** 潮虫科
**属** 鼠妇属

**分布区域**
除南极洲外全球广泛分布

**虫子说**

我们鼠妇还有一个更响亮的名字——西瓜虫。我们是甲壳类动物中唯一的适应陆地生活的动物，其实我们和昆虫没有一点关系，反而与生活在水中的大螃蟹、小龙虾是亲戚。

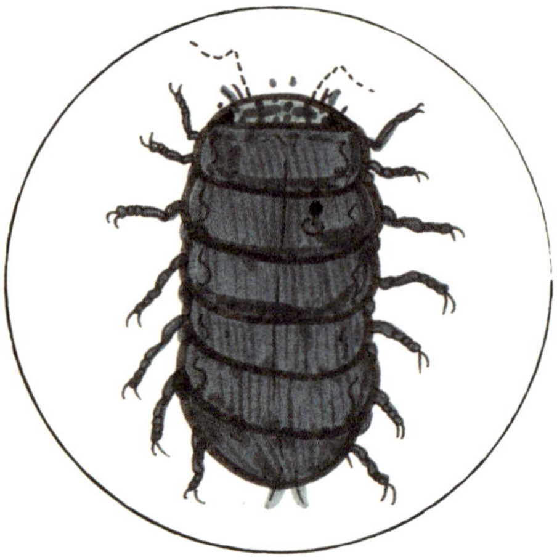

鼠妇的身体呈椭圆形或长椭圆形，扁平状，背部甲壳稍稍隆起，头部非常小，隐藏在第一片背甲下面，几乎看不到，头顶有两对触角，第一对很短，第二对较长。

鼠妇体长 10—15 毫米，雄虫比雌虫体型要大一些，雌虫体色较暗淡，一般呈灰白色、灰褐色，雄虫体色比雌虫鲜艳。大部分鼠妇甲壳表面光滑，有些种类的甲壳表面有刻点且较粗糙。

鼠妇是甲壳类动物，全身被十二片甲壳覆盖，其中胸甲七节，腹甲五节。七节胸甲为自由节，所以鼠妇可以头尾相向将身体蜷成一个球形。

当鼠妇遇到危险时，就会蜷成一个圆球，将自己全方位无死角保护起来。

鼠妇非常喜欢生活在阴暗潮湿且温暖的环境中，腐质土层中、石块下、室内的阴暗角落都能发现它们的身影。它们昼伏夜出，不喜欢强烈的光照。

阴暗潮湿的环境是鼠妇的天堂，所以人们也喜欢把它叫作潮湿虫。

鼠妇有群居生活的习性，聚集的密度和生活环境的湿度有关，湿度越大，聚集的数量越多。

鼠妇是典型的杂食性动物，几乎什么都吃，新鲜的植物就不用说了，它们还吃腐烂变质的食物或是其他动物的尸体。

鼠妇可以分解自然界的生物垃圾，它的粪便还可以增加土壤的有机质，让土壤更肥沃。

然而，鼠妇对农作物危害很大，尤其是十字花科的植物。

雌鼠妇会把卵产在自己的腹部，腹足会将卵抱起来，保证卵的安全。温度合适的情况下，一周时间就会孵化出幼虫。

鼠妇的幼虫和成虫长得一样，就是体色较浅且呈半透明状，经过几次蜕皮后就长大成熟了。

鼠妇的平均寿命在一年半以上，有的可以达到好几年。

# “穿毛衣”的角伪叶甲

时间：11月11日　　天气：晴　　地点：学校操场

今天在学校吃午饭的时候，一只棕色小甲虫飞到了我的衣服上。我轻轻一捏就抓到了它，原来是一只角伪叶甲。它的头部和胸部很小，背部的鞘翅很粗糙，但很柔软，背甲和六条腿上布满了一层特别细小的白色绒毛，就像穿了一件时尚的白色毛衣。这只角伪叶甲不停地在我的两根手指间挣扎，想要逃走。于是，我把这只小可怜虫放了。这种小甲虫在希腊到处都是。

角伪叶甲的寄主植物很广泛，主要是苹果树、栎树、黄杨树等树木，我们学校就有两棵苹果树，也许那个小可怜虫就是在这两棵苹果树上长大的吧。

**档案信息**

**中文名** 角伪叶甲
**拉丁名** *Cerogria* + sp.

**门** 节肢动物门
**纲** 昆虫纲
**目** 鞘翅目
**科** 拟步甲科
**属** 角伪叶甲属

**分布区域**
除南极洲外广泛分布

**虫子说**

别看我们角伪叶甲分布广泛，平时也比较常见，但是关于我们的科学记录和研究并不多。我们的家族成员可不少，比如常见的四斑角伪叶甲、紫蓝角伪叶甲和半蓝角伪叶甲等。

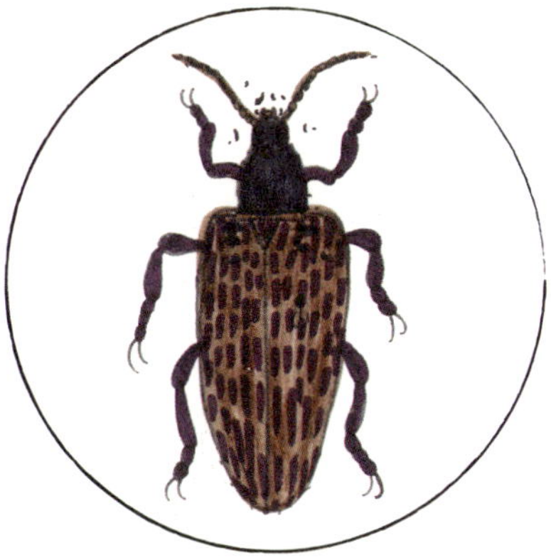

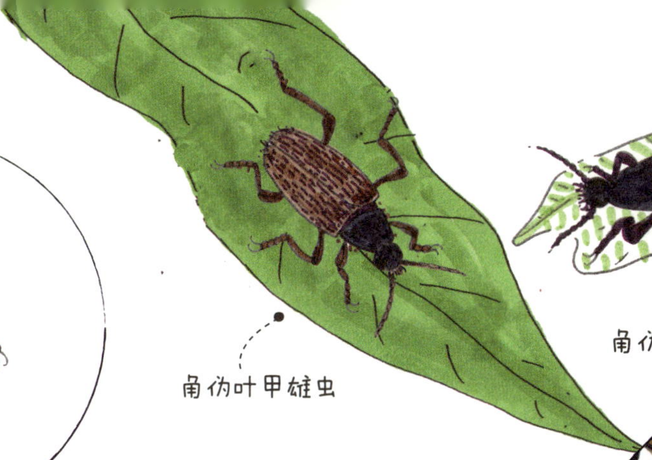

角伪叶甲身型较小，体长约 10 毫米，头部和胸部比腹部要小很多，而且明显窄于腹部，头、胸、腹的长度都明显大于其宽度，整个身体呈长椭圆形。

大部分角伪叶甲的头部和胸部背甲颜色较深，呈棕黑色或黑色，而腹部鞘翅呈黄褐色或栗褐色。胸甲背板像围巾一样将胸部紧紧包裹住，上面密布着明显的刻点。

角伪叶甲腹部的长度大约是其宽度的一倍半，鞘翅较柔软，粗糙的表面密布白色绒毛，看上去毛茸茸的。

除了背部有绒毛外，角伪叶甲的六只足的第一、二跗节上也长有更长的白色绒毛。

由于头部很小，角伪叶甲的两只复眼呈长条状，头顶的一对呈锯齿状的触角比较粗壮且并不太长，很像一对大犄角，这可能就是它名字的由来吧。

角伪叶甲的幼虫和成虫都是植食性的，主要以鲜嫩植物的叶子、根茎和果实为食，幼虫也可能啃噬腐木，对植物的生长有一定的危害。

角伪叶甲拥有非常适合爬行的足部结构，所以它非常善于穿行于各种复杂的地形。它们不仅善于攀爬，飞行能力也不差。

角伪叶甲有一定的趋光性，在夜晚的扑灯大群中也能发现它们的身影。

对于瘦弱的角伪叶甲来说，遇到危险时，装死或许是最好的逃生之法。

角伪叶甲雌虫的个头比雄虫明显要大一些，显得更胖一点。

角伪叶甲广泛地分布于多种环境中，在森林、草地、农田、灌木丛常能发现它们的身影。

角伪叶甲的幼虫则喜欢栖息在枯树皮下、落叶层、腐朽木中等阴凉潮湿的地方。

# “浴火重生”的松黑木吉丁虫

时间：11 月 12 日　　天气：晴　　地点：阳台

今天，我发现了一只吉丁虫，刚看见它的时候，它正趴在我家阳台的晾衣架上。我还以为它是一个黑色的衣服夹子，直到它动了一下，我才注意到竟然是一只松黑木吉丁虫。这种昆虫在中国没有分布，在欧洲也并不多见，它全身漆黑，背甲很粗糙，没有金属光泽。和我们印象中其他色彩鲜艳的吉丁虫相比，松黑木吉丁虫实在是太朴素了。不过它对我来说却是非常珍贵，不仅仅是因为它不容易发现，还因为我觉得它的这种朴素也是一种独特的美。

**虫子说**

我们松黑木吉丁虫是一种非常特别的虫子，被人们称为“嗜火甲虫”。我们逐火而生，哪里有山火，我们就争先恐后地飞往哪里，烧焦的树干不仅是我们的美食，更是我们最好的育儿床。

**档案信息**

**中文名** 松黑木吉丁虫
**拉丁名**
*Melanophila acuminata*

**门** 节肢动物门
**纲** 昆虫纲
**目** 鞘翅目
**科** 吉丁虫科
**属** 木吉丁属

**分布区域**
北美洲、中美洲、欧洲和南亚有分布

松黑木吉丁虫体长约 11 毫米，体形强健，胸部背甲较宽阔，高高隆起，头部外露，复眼发达，触角为念珠状。其背部鞘翅末端呈尖状，识别度很高。

松黑木吉丁虫通体漆黑，胸甲和鞘翅表面非常粗糙，腹面布满浓密的刚毛，六只足较短，尤其是第一胫节相对更短一些，但是其足部的力量并不小。

松黑木吉丁虫的背部表面经常会有一些灰白色粉末，好像冬瓜表皮上的白霜。这种白霜很可能是它们粗糙的背部沾染上的烧焦木头的灰烬。

松黑木吉丁虫分布区域并不广泛，中国没有分布，欧洲环地中海地区也只有零星分布。

松黑木吉丁虫成虫的口器结构非常适合取食液体状的食物，松树的汁液是它的最爱。

松黑木吉丁虫的幼虫在焦木中出生、长大，化蛹后不久就会从焦木中飞出，很像浴火重生的凤凰。

松黑木吉丁虫能快速发现着火的树木，这要归功于它有一个特异功能——胸部拥有一个灵敏的热传感器。

这个传感器能帮助松黑木吉丁虫感受到距离超过 10 千米的火源，并进行精准定位。

雌虫和雄虫从四面八方飞到火源现场后就会寻找合适的对象进行交配。等火逐渐熄灭后，雌虫就迫不及待地寻找烧焦程度最严重的树干进行产卵。

松黑木吉丁虫最喜欢针叶树，尤其喜欢在松树上安家落户。

由于对热源异常敏感，随着人类工业活动和山火的减少。松黑木吉丁虫的种群数量正不断减少。

松黑木吉丁虫为什么喜欢将卵产在焦木中？部分原因是焦木中的一些物质对卵的孵化有帮助，且焦木很少有捕食者光顾，对卵和孵化后的幼虫来说很安全。

# 贪婪的肉食“杀手”——婪步甲

时间：11月15日　　天气：小雨　　地点：家门口

今天早上下了一场雨，出门后发现还是有些冷，回家取衣服的时候，在门口发现了一只颜色黑黑的、身体长长的小甲虫。这个甲虫的颜色黑得发亮，鞘翅上还有很细、很密的条纹，乍一看，这个小甲虫和黑蜣有点像，不过那长且直的触角告诉我，它可不是黑蜣。从它的一对大牙和身形判断，它是一种步甲，更确切地说是一只婪步甲。

步甲比较常见，但是人们对它并不熟悉。可为什么它们会被人们叫作步甲呢？难道是因为它们会像人一样走路吗？还是因为这种甲虫平时不怎么飞，喜欢爬行？万一它们遇到夺命死敌，难道也不飞走逃命吗？

别看婪步甲不善飞行，它在陆地上也不是“吃素”的，它性情贪婪，会捕食比它个头小的昆虫和蜘蛛，分分钟就能将猎物碎尸万段。

**档案信息**

**中文名** 中华婪步甲
**拉丁名** *Harpalus sinicus*

**门** 节肢动物门
**纲** 昆虫纲
**目** 鞘翅目
**科** 步甲科
**属** 婪步甲属

**分布区域**
东亚、俄罗斯东部有广泛分布

**虫子说**

我们婪步甲在步甲科昆虫中是一个比较大的属类，虽然我们性格有点贪婪，但是对环境和人类没有什么危害，甚至我们还是很多害虫的天敌，从这个角度来说，我们还是益虫呢。

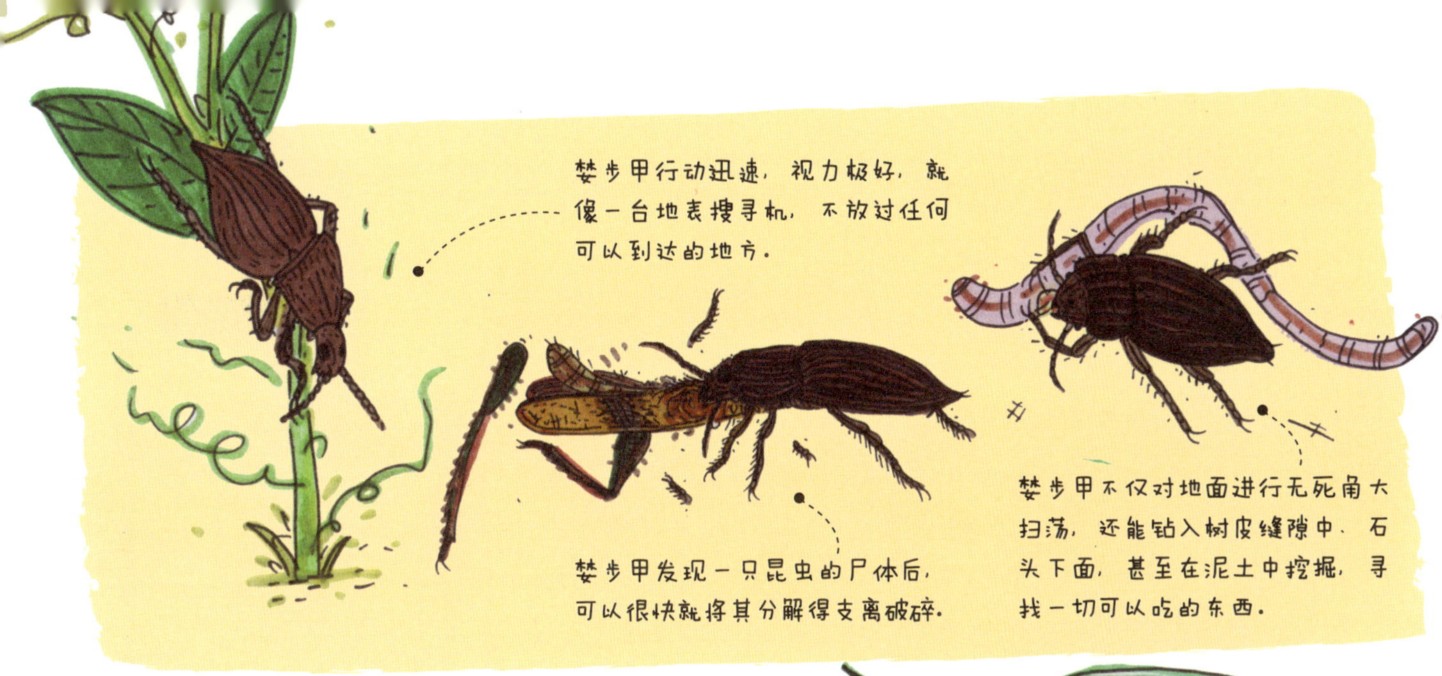

婪步甲在全世界分布很广，中华婪步甲在中国也是一种常见的昆虫，经常会出现在居民家中。它们是纯纯的肉食主义者，喜欢捕食红蜘蛛、蚜虫、蚯蚓和其他小虫子。

中华婪步甲全身漆黑，泛着金属般的光泽，口须、触角、胸甲两侧和足部后两节为深棕色。胸甲宽度和长度几乎相等，近似方形。头部窄于胸甲，一对复眼位于头部两侧，触角为丝状，上颚发达，像一把强劲有力的老虎钳。

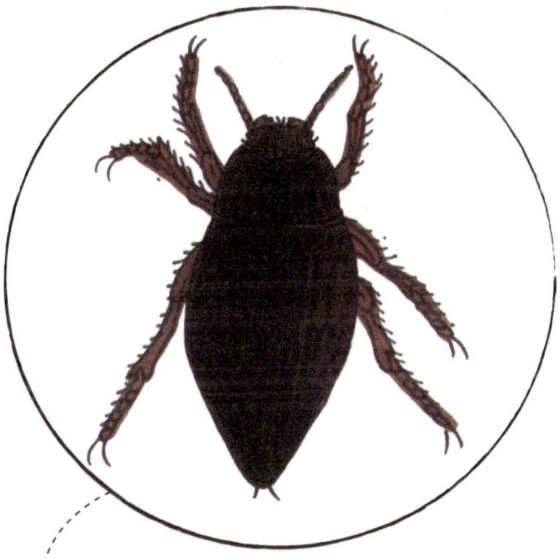

背甲上有明显的纵沟，左右各九条，很像是穿了一件百褶裙。

中华婪步甲成虫体长 10—15 毫米。六条腿不长不短，强壮有力，非常适合在复杂地形爬行。

婪步甲喜欢栖息在温暖潮湿的环境中，大部分时间在地表或枯枝败叶中活动，有时也会在土壤中挖掘隧道以寻觅食物。

婪步甲遇到危险时，作为跑步健将，当然是“走为上计”。如果实在跑不掉，它就会分泌出一种刺鼻难闻的液体，让捕食者顿时没了胃口，放弃捕食行动。它们还有一个御敌本领，就是装死。

当小麦、大麦或其他谷物类作物抽穗灌浆时，贪婪的婪步甲也会爬上谷穗取食这些植物的营养精华。

因为目前发现的绝大多数婪步甲的背甲上都拥有明显的纵沟，所以这也成为识别婪步甲属昆虫的一个重要依据。

婪步甲和很多蛾类一样，具有很强的趋光性。夜晚飞进家里的小甲虫十有八九就是它。

# 有"房子"的蜗牛和没"房子"的蛞蝓

时间：11月19日　　天气：阴　　地点：放学的路上

秋天到了，大部分虫子都销声匿迹了，这只蜗牛是个例外，我觉得它可能想在这儿多待一会儿吧。

只见它在地上不停地扭动身躯，在地上挖了一个小洞。我很好奇，于是就把它拿了起来，一堆白白的黏糊糊的东西挂在它的肚子下。哦，原来它是在产卵呀，我小心翼翼地把它给放了回去。它刚察觉到自己又回到地面上的时候，先是一动不动，还不停地吐白色的泡泡。这是为什么呢？它是害怕还是想自我防卫？过了一会儿，它又开始不停地蠕动身体，继续挖洞产卵了。

**档案信息**

中文名 蜗牛
拉丁名 Fruticicolidae

门 软体动物门
纲 腹足纲
目 柄眼目
科 蜗牛科

分布区域
全球广泛分布

**虫子说**

在我们庞大的蜗牛家族中，大部分都是雌雄同体，即便这样，我们光靠自己也完成不了繁衍的重任，我们需要两个个体进行配合，互相受精，之后便各奔东西寻找合适的地方挖洞产卵。

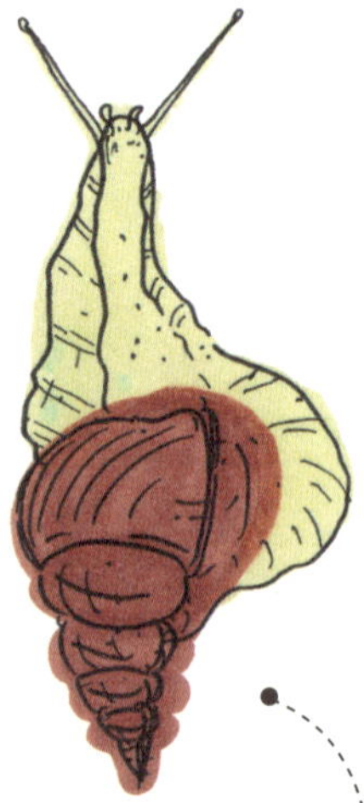

每一只蜗牛都可以产卵的生殖方式，提高了蜗牛家族传宗接代的成功率。

蜗牛一边产卵一边不停地吐白色的泡泡，这些泡泡能很好地保护卵的安全。每只蜗牛一次可以产200枚左右的卵，体型越大的蜗牛产的卵越多。

蜗牛是一个庞大的家族，大概有40000种，以强大的生命力遍布世界的每个角落，它们体型差异很大，大的有手掌般大，小的只有指甲大小。

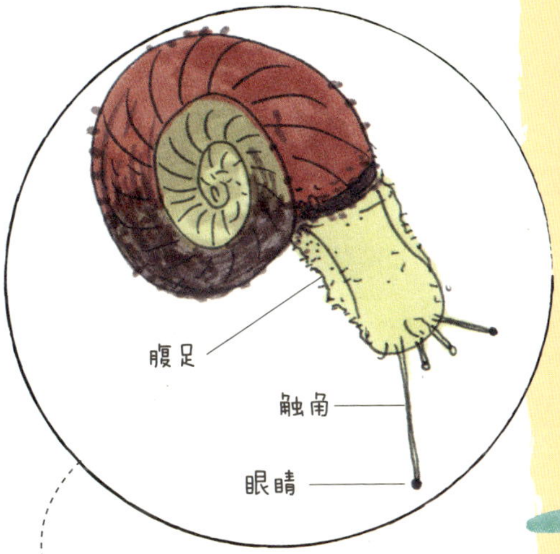


蜗牛头顶有两对触角，较长的触角的顶端是它的眼睛，只要轻轻一碰，触角就会迅速缩回到身体里。

## 蛞蝓（kuò yú）就像没有房子的蜗牛

蛞蝓的形态基本和蜗牛一个样子，但是没有外壳，它还有个更形象的名字——鼻涕虫。

或许是没有壳的缘故吧，蛞蝓比蜗牛更怕阳光，阳光强烈的晴天，它们必须躲藏在潮湿阴暗的泥土里，不然被阳光照射两个小时，它们就会死亡。

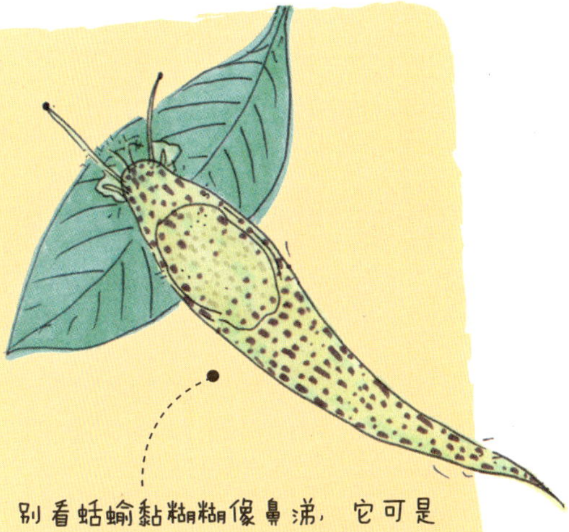

别看蛞蝓黏糊糊像鼻涕，它可是一种常用的中药材，对抑制癌细胞生长有很好的效果。

蛞蝓的取食方式、生殖方式和蜗牛相同，它们真像是一对“亲兄弟”。

用来呼吸的气孔在身体的右侧。

蜗牛身体各部位区分不明显，更没有突出的腿部结构，它的行动完全依靠腹部下面发达的肌肉伸缩进行蠕动，所以它的“腿”称作“腹足”。

蜗牛的身体总是黏糊糊的，这是它分泌的一种保护液，光滑的黏液可以保护它经过砾石和尖刺时不被伤害，即使爬过锋利的刀刃也能毫发无伤。

据说最初蜗牛是没有壳的，后来为了更好地保护自己就进化出了可以藏身的“房子”。

蜗牛喜欢温暖潮湿的生活环境，非常讨厌强烈的阳光，当温度高于33℃或低于15℃时它们就会休眠，选择一个安全的地方将身体缩在壳中。

躲进“房子”中休眠时，蜗牛会分泌黏液将“房门”堵上。

蜗牛的寿命有六七年，如果很长时间看不到它们的身影，可能是因为它们在休眠，当温度合适，一场大雨过后，它们就会恢复生机，四处活动了。

蜗牛是世界上牙齿最多的动物。蜗牛的牙齿一旦磨损严重，就会被锋利的新牙取代。

蜗牛的嘴长在头部下方的腹部上，带状的舌头上布满20000多个齿突，它就是用这个像粉碎机一样的齿舌刮食嫩叶或苔藓。

# 关于虫子的小知识

## 感觉"神器"——触角

大多数虫子头顶有两根像天线一样的触角，它们是虫子非常重要的感觉器官，总是不停地摆动，像信号接收器或是雷达一样随时接收电波或追踪目标。

虫子的触角上有许多类型的感觉器官，与中枢神经连接，既能感触物体、感觉气流，又能嗅到各种气味。当接收到各种信号后，中枢神经便可支配虫子进行各种活动。

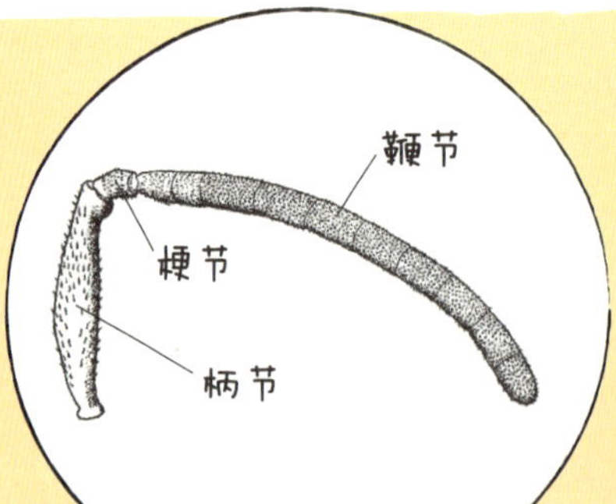

触角的基本构造

虫子有了触角这个神器，就可以轻松自如地感受环境、协作交流、发现食物、躲避敌害、寻找伴侣等。

虫子的触角形状各异、大小不同，分为十二个基本类型：丝状、棒状、膝状、羽状、锤状、鳃状、刚毛状、念珠状、锯齿状、栉齿状、环毛状、具芒状。

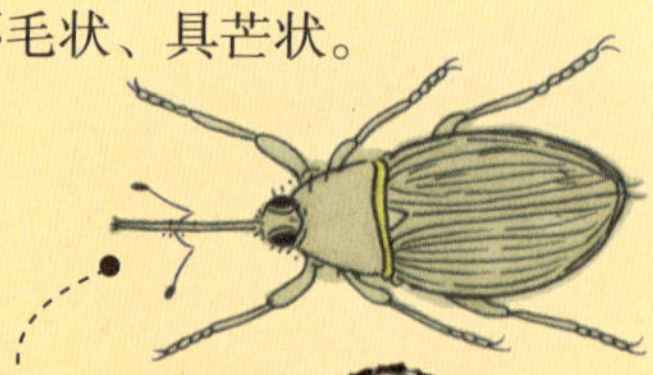
象甲有膝状触角。

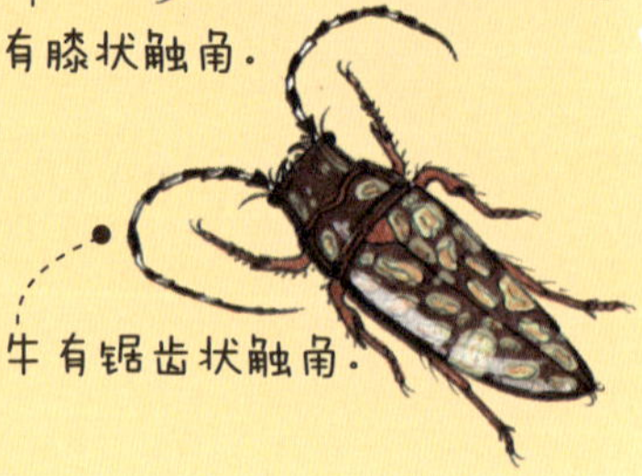
这只天牛有锯齿状触角。

## 各显神通的单眼和复眼

虫子的眼睛分为单眼和复眼两种，它们各具特色，功能不同。单眼一般结构简单，为卵圆形晶体状，只能感受光源明暗和远近，不能形成图像。

虫子的复眼可以形成图像，每只复眼由成千上万的小眼紧密排列组合而成。每只小眼只能呈现一部分图像，所有小眼呈现的图像合起来就能形成完整的图像。所以，复眼中的小眼越多，分辨率越高，视野越宽广。

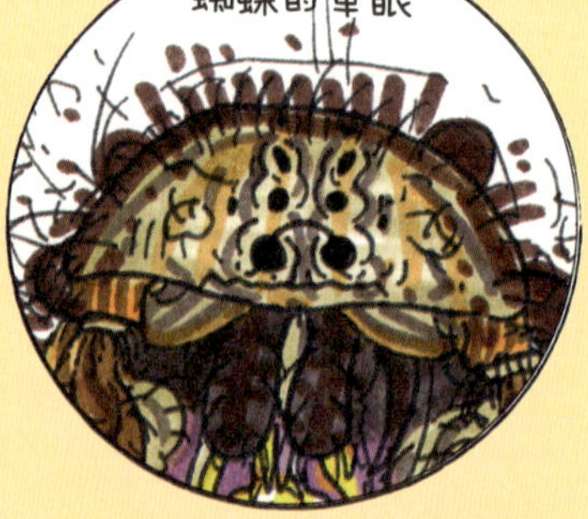
蜘蛛的单眼

蝶类的复眼由几千至两万只小眼组成，而蜻蜓的一只复眼由两万多只小眼组成。

大部分虫子的复眼是曲面向外突出的，几乎可以实现全景视角。

绝大部分善于飞行的成虫都是拥有一对复眼和多只单眼，也有一些成虫只有复眼没有单眼，而多数虫子幼虫期只有单眼。

虫子的复眼对紫外线非常敏感，紫外反射会给虫子带来多彩的视觉信息。

蜻蜓的复眼很发达。

## 实用且功能强大的足

不同生活环境中的虫子都拥有与环境相适应的足，不仅功能强大还非常实用。

螽斯的后足是跳跃足。

蟑螂、步甲类的虫子爬行速度很快，它们的足属于步行足。

螽斯、蝗虫类的虫子，后腿粗长而有力，善于跳跃，属于跳跃足。

螳螂、蚊猎蝽的前足像锯齿状的镰刀，出击迅速，秒杀猎物，属于捕捉足。

蝼蛄的前足扁平而宽大，挖土掘地不费力，属于开掘足。

蜜蜂的后足宽大扁粗，有密集的细毛，可以携带大量花粉，属于携粉足。

龙虱的后足造型特殊，像扁长的船桨，划水游泳很轻松，属于游泳足。

龙虱雄虫前足末端是吸盘状的，交配时可以紧紧抱住雌虫，属于抱握足。

## 吃饭方式有讲究——口器

口器是虫子取食的器官，由于虫子的食性非常复杂，其取食的口器也有不同的构造。

虽然虫子的口器构造不同、形态各异，但大部分都是由上唇、上颚、下颚、下唇、舌部五部分组成，取食的食物形态有固体和液体两种，因此，虫子的口器也有不同类型。

蝗虫有典型的咀嚼式口器。

咀嚼式口器

取食固体食物，如植物叶片、动物组织等。其上颚是锋利的齿状，用于切割，下颚宽大结实，用于研磨。代表虫子有蝗虫、蚂蚁等。

刺吸式口器

吸食植物汁液或动物血液。口器呈针管状，包含口针和食道，可刺入组织抽取汁液。代表虫子有蚊子、虱子、跳蚤等。

舐吸式口器

由下唇和舌组成像吸盘一样的吻部，可以分泌唾液溶解食物后，通过舔舐来获取营养。代表虫子有蝇类等。

虹吸式口器

下颚演变为可卷曲的长管状，方便伸入花蜜腺中吸食深部的花蜜，如蝴蝶、蛾类的口器。

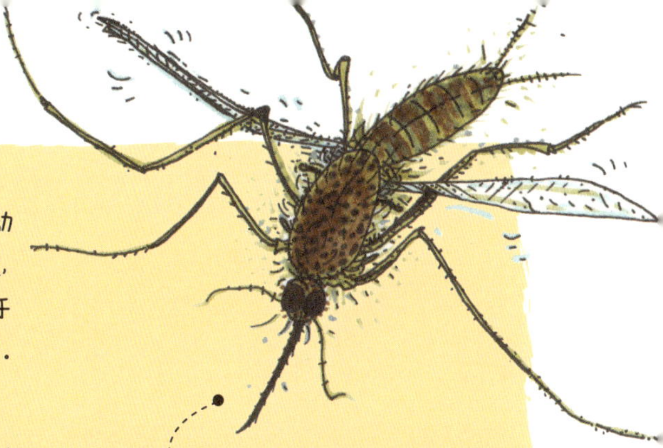

蚊子有典型的刺吸式口器。

嚼吸式口器

上颚用于咀嚼，舌状下颚与下唇构成食物管，可吸食花蜜也可取食固体食物，代表虫子有蜜蜂等。

蛾子有典型的虹吸式口器。

## 形形色色的“飞行器”——翅

大多数虫子是有翅的，而且翅的形状和颜色千奇百怪。有翅的虫子大多有两对翅，一对前翅，一对后翅。有些虫子的前翅和后翅属于不同类型的翅，比如甲虫类的前翅是鞘翅，后翅是膜翅。

蝴蝶有美丽的鳞翅。

轻盈的膜翅和鳞翅是虫子的飞行器，坚硬的鞘翅可以保护身体。有了翅，虫子可以更适应觅食、迁徙等生存需求。

膜翅

虫子中最常见的一类翅，质地薄而透明，翅脉清晰。如蜂类、草蛉、蜻蜓的双翅。

鳞翅

质地薄而轻盈，翅上具有许多鳞片和绒毛，花纹和图案丰富，显得异常鲜艳。如蛾类和蝶类的双翅。

毛翅

质地为膜质，薄而轻盈，翅面与翅脉有很多细毛，多为不透明或半透明。如石蛾、毛翅夜蛾的翅。

缨翅

质地为膜质，形状狭长，边缘有很多长而整齐的缨状缘毛。缨翅目昆虫通称为蓟马。

半翅

翅的上半部为革质，下半部为膜质。如蝽类的前翅。

蝗虫的前翅属于覆翅。

覆翅

质地为革质，厚且半透明，翅脉清晰可见，兼有飞行和保护的作用。如蝗虫、蝼蛄的前翅。

鞘翅

质地为角质，厚且坚硬，翅脉消失。有的具有金属光泽，起到保护后翅与身体的作用。如叶甲、天牛的前翅。

平衡棒

又称棒翅，只存在于蚊、蝇等双翅目昆虫中，是后翅退化而成的细小的棒状物，飞行时起到平衡身体的作用。

# 捕捉和观察虫子需要哪些工具？

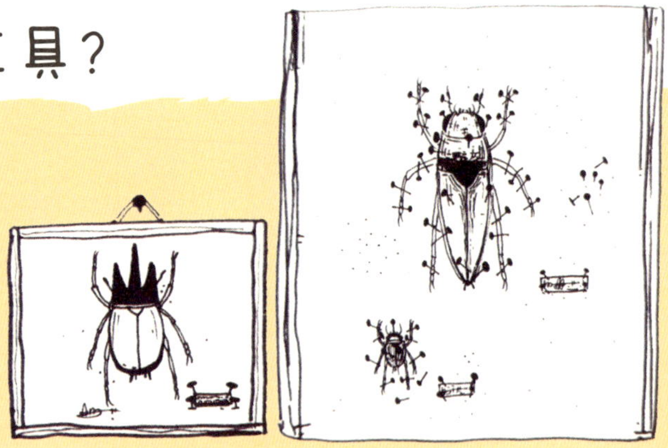

固定标本用的插针和海绵垫能让虫子更好地展示。

观察虫子一定少不了放大镜。

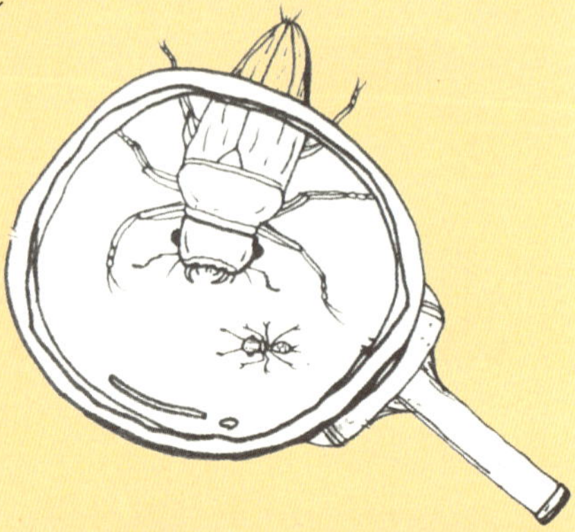

抓捕虫子的抄网很重要。

工欲善其事，必先利其器。想要认真仔细地观察虫子的特点及习性，各种好用的工具是必不可少的。

准备一双保护双手的胶皮手套。

镊子、小刀和剪刀在关键的时候很有用。

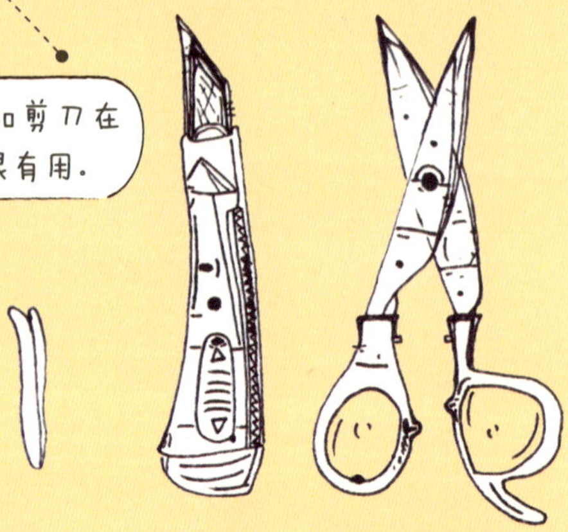

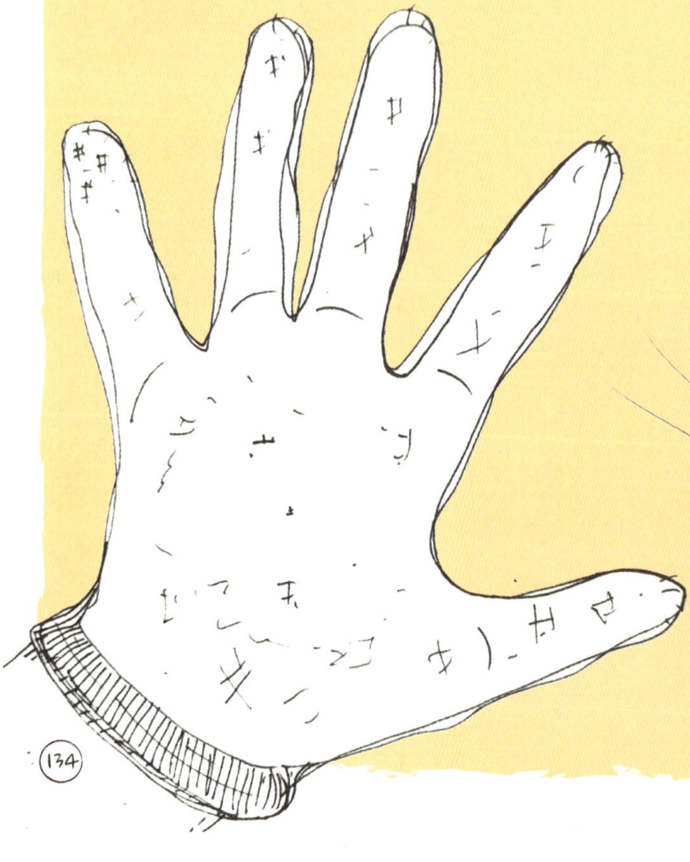

各种透明的瓶瓶罐罐是必备，方便更好地观察虫子的一举一动。

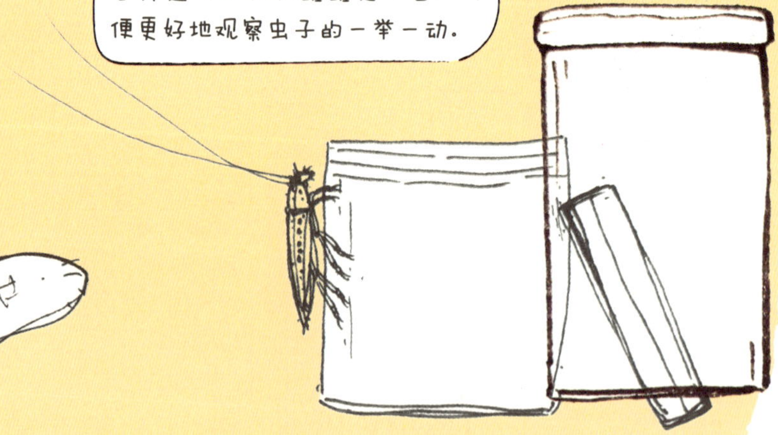

# 怎样制作昆虫标本？

## 1 固定

固定昆虫，是制作昆虫标本的第一步，也是能否制作出完美的昆虫标本的关键。

先将要制作成标本的虫体放在刺虫台或桌缝上，用昆虫针将其固定。根据虫体的大小使用合适型号的昆虫针。

甲虫类昆虫标本的昆虫针插在前翅基部中线稍右部位，半翅目昆虫插在前胸中央或小盾板中线偏右方，其他昆虫插在中胸中央。

昆虫针通常由不锈钢制成，由细至粗，共有 00 号、0 号、1 号、2 号、3 号、4 号、5 号七个型号。

如果甲虫类昆虫死后时间较长，身体僵硬，在固定前需要用开水浸泡进行软化。

## 2 整姿、展翅

固定好的昆虫标本，姿态并不美观，需要将其姿态按照一定的标准进行调整，使其形态更加清晰美观。对于鳞翅目昆虫，需要在展翅板上进行展翅，使翅展开到合适的程度并固定，以便更好地展示它们的形态特征。

昆虫标本的整姿是指将翅的位置、虫足的弯曲度、触角的伸长方向等逐项加以调整，使其尽可能与活着的昆虫具有相同的姿态。也可根据自己的要求，适当调整昆虫各个部位的姿势和位置。

给昆虫标本整姿是一个需要细心和耐心的工作，需要借助细小的昆虫针将昆虫的足、翅、触角摆放对称、匀称并加以固定。

给鳞翅目昆虫宽大的翅展平时，用硫酸纸平压，并用昆虫针固定是一个很好的办法。

## 3 干燥

整姿之后的昆虫标本，就可以将其放置到安全通风处进行干燥，其间尽量避免多次移动，待其完全干透。

干燥过程一般需要一两周时间，避免将其直接放在阳光下暴晒。

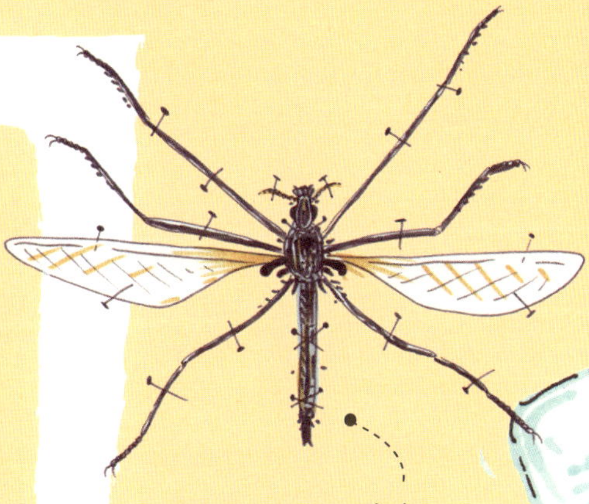

## 4 保存

干燥后的昆虫标本就算完全定型了，可以适量喷洒干燥剂和防霉药剂后，平整地放置在标本盒中。

随着标本数量增多，可以将其分门别类，并配上标签，将其置于避光的干燥处保存。

还可以将昆虫标本与经过干燥处理的花草、树枝、石头等放置在同一个玻璃罩内，模拟真实的自然环境，制作出昆虫生态景箱。

**图书在版编目（CIP）数据**

听虫子说：我的虫子观察笔记 / 沈子昂著绘 . 北京 ：中国轻工业出版社，2025. 9. -- ISBN 978-7-5184-5637-6

Ⅰ. Q96-49

中国国家版本馆 CIP 数据核字第 20252PB144 号

责任编辑：栾 峰

策划编辑：李 锋　　责任终审：高惠京　　整体设计：沈仙卫

排版制作：木木树文化　　责任校对：朱燕春　　责任监印：张京华

出版发行：中国轻工业出版社（北京鲁谷东街 5 号，邮编：100040）

印　　刷：天津善印科技有限公司

经　　销：各地新华书店

版　　次：2025 年 9 月第 1 版第 1 次印刷

开　　本：889 × 1194　1/16　印张：8.75

字　　数：200 千字

书　　号：ISBN 978-7-5184-5637-6　定价：88.00 元

邮购电话：010-85119873

发行电话：010-85119832　010-85119912

网　　址：http://www.chlip.com.cn

Email：club@chlip.com.cn



232143E3X101ZBW

**听虫子说**

**我的虫子观察笔记**

# 虫子观察笔记

从观察一只虫子开始

# 观察虫子的外部特征

你观察的这只虫子长什么样子呢？头、胸、腹的比例如何？触角是丝状、棒状还是锯齿状？快把你观察到的信息记录下来吧。

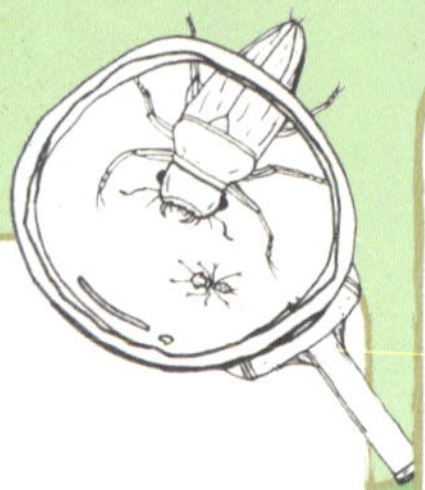

你可以用文字、照片和手绘等形式，把所观察虫子的信息记录在下面哦！

整体外部特征

观察翅

观察足

颜色花纹

# 观察虫子多样的行为方式

虫子们不仅长得各具特色，而且还有它们自己的“独门绝技”呢，只要你认真观察就会有惊喜的发现。

步甲不善飞行，多在地表活动；瓢虫飞行时先打开鞘翅，然后再展开膜翅；龙虱在水中是靠划动后足和摆动腹部进行游泳的……虫子们还有什么有趣的行为？等着你去发现呢。

**运动行为** 虫子是如何爬行、飞行、跳跃、蠕动或游水的？

**生存行为** 虫子是如何觅食、筑巢、捕猎、防御的？

**繁殖行为** 虫子是如何交配、产卵、育幼的？

## 观察虫子生存环境也很重要

虫子是生物进化中的“佼佼者”。它们在不断适应环境的过程中，都进化出了哪些特征呢？你可以从其广泛的食物来源、合适的体型、强大的繁殖力、高超的伪装能力、极端环境适应力这几方面进行仔细观察，说不定有有趣的发现呢。

虫子对环境变化的适应能力与它们的身体结构、生理机能及行为方式有着密切关联。所以，在观察虫子的过程中，我们要把它们的外形特点、生活习性和生存环境联系起来看，以整体思维去探索虫子的世界，这样就会有意想不到的新发现呢。

# 常见虫子的类目

把观察过的虫子按照类目记录在下面吧！

观察触角

观察口器

观察眼

观察其他

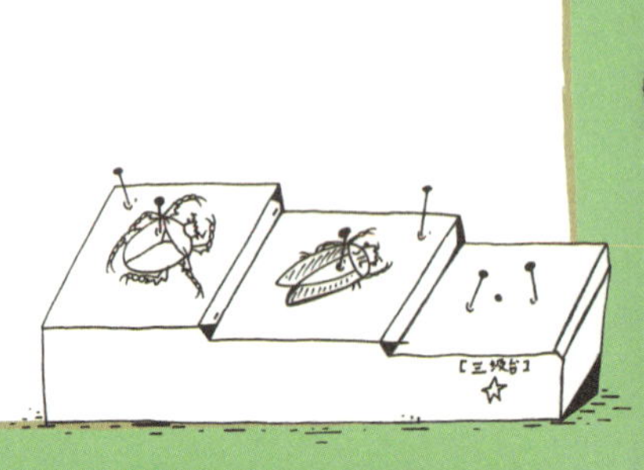

**社会行为** 虫子是如何通信、群居、分工的？

**趋性行为** 哪些虫子有趋光、趋化、趋温、趋湿行为？

**其他行为** 你还观察到哪些行为呢？

我飞不了太远，总是飞跳结合。
我是高音"歌唱家"。
我背上"文"了个骷髅头。
我会从其他动物粪便中吸取营养。
走进大自然，
听听虫子们在说什么？
我们在玩捉迷藏，你能找到我吗？
我的后腿粗壮有力，善于跳跃。
我爬得很快，从来不走直线。